成就你一生的处事智慧

ACHIEVEMENT OF THE WISDOM OF YOUR LIFE

李 伟/编著

平常心看待平常人，摘下你的有色眼镜，
你看到的天空才是蓝天。
心胸要大些，要求自己严格些；小事清楚些，大事糊涂些。

新华出版社

图书在版编目（CIP）数据

成就你一生的处事智慧 / 李伟编著. -- 北京 ：新华出版社，2016.7
ISBN 978—7—5166—2684—9

Ⅰ．①成… Ⅱ．①李… Ⅲ．①人生哲学－通俗读物 Ⅳ．①B821-49

中国版本图书馆CIP数据核字(2016)第164003号

成就你一生的处事智慧

编　　著：李　伟

选题策划：许　新　　　　　　　　责任编辑：石春凤
封面设计：木　子

出版发行：新华出版社
地　　址：北京市石景山区京原路8号　邮　　编：100040
网　　址：http://www.xinhuapub.com
经　　销：新华书店
购书热线：010-63077122
中国新闻书店购书热线：010-63072012

照　　排：宇　天
印　　刷：永清县晔盛亚胶印有限公司
成品尺寸：170mm×240mm
印　　张：15　　　　　　　　　　字　　数：200千字
版　　次：2016年9月第一版　　　印　　次：2016年9月第一次印刷

书　　号：ISBN 978—7—5166—2684—9
定　　价：36.80元

前　言

　　做人难、难做人、人难做。

　　的确如此，怎么才能生活得快乐，是我们做人的基础，然后如何做人是人生中所必须面对的一个难题。生活中很多人因为会做人，善于做人，于是，他们赢得了他人的尊重和社会的认可，同样也成就了他们的事业。

　　做人是一门决定人生成败的学问，这门学问博大精深，人生的成与败归根结底就在于做人的得与失。懂得做人的智慧，把人做到位，往往就会有事业的发达、家庭的美满、生活的顺畅；相反，不懂得做人的智慧，就会从根本上注定人生的败局。

　　懂得做人的人，他们能够使难成之事心想事成，让自己前进的道路畅通无阻；能够遇难呈祥；能在商战中左右逢源；能够迅速说服他人，从而赢得与他人的合作机会；能够受到上司的重视，得到同事的尊重，赢得下级的拥戴，从而走向成功。

　　在如何做人上，从来没有谁能达到大彻大悟的境界。一个人对人生有几分感悟，人生便会赋予他几分收获，很多人的理想是受人尊重、受人景仰的，要实现这样的理想，还是得从做人开始。

　　那么如何做人呢？说到底，做人就就是要处理好自己和他人、自己和社会的关系。因为每一个关系都涉及自己，所以学会做人就要从自身开始。古往今来，对人的要求，无不以做人为本。

学会做人的哲学，会让你在为人处世的过程中，讲究方法，讲究策略，讲究变通之道，从而建立良好的人际关系，灵活机智地应对人情世故，在如今这个社会环境中，走好每一步，扮好每一个角色，演绎精彩和辉煌，成功地踏上颠峰。

目 录

第一章 做人低调

低调是人生之路的润滑剂，是事业之路的助推器，放下架子真诚地去低调做人，必将描绘出人生的精彩画卷。低调做人不仅是一种境界、一种风范，更是一种思想、一种哲学。

■ 低调也是一种智慧 ………………………………………………… 3

■ 不要抢了别人的风头 …………………………………………… 6

■ 不要得意忘形 …………………………………………………… 9

■ 不要摆架子 …………………………………………………… 11

■ 沉默是金 ……………………………………………………… 13

第二章 做人现实

　　自视清高的人随处可见，这些人往往认为自己是天才，能够成大业做大事发大财，怀揣着理想要有所作为，但严酷的现实却难以使人如愿。对现实的清醒认识是对虚妄想象的折磨。要知道"全世界的鸡蛋联合起来也不能打破石头"，所以做人还是要现实一些。

■天下没有免费的午餐 …………………………………… 17
■先舍才会有得 …………………………………………… 21
■从小事做起 ……………………………………………… 24
■做事要踏实 ……………………………………………… 27
■一分耕耘，一分收获 …………………………………… 30

第三章 做事到位

　　做人到位就是做人要适可而止、适时而止，不要太过于执着和张扬，也不要过于拘谨和自卑，只要雪中送炭不要锦上添花，到位就好。用点心思，提升做人的修养，做一个恰到好处的"完美人"，为自己奠定一生成功的基础。

■待人要有大气量 ………………………………………… 35
■不要过于较真 …………………………………………… 38
■不要聪明过头 …………………………………………… 41
■适可而止 ………………………………………………… 44

第四章 懂得变通

做人要随机应变，见什么人上什么菜，到什么山唱什么歌。悬崖勿忘勒马，撞了南墙要回头。变通是做人的一种手段，更是一种人生智慧。它可以使你在危难关头化险为夷，在工作中如鱼得水，在人际交往中处于不败之地，让你拥有成功的人生。

■ 要学会变通 ···················· 49
■ 不要一条道走到黑 ·················· 53
■ 要懂得曲中求直 ·················· 56

第五章 知道放松

生命之舟经不起太多岁月的负荷，要扬帆远航而不中途沉淀，就必须轻装。把心情放松，一切的困惑、痛苦、悲伤都会离我们而去，最终将收获喜悦和成功，如愿到达人生理想的彼岸。

■ 别为外物所累 ···················· 63
■ 放下你的面子 ···················· 66
■ 别让自己活得太累 ·················· 69
■ 自己释放压力 ···················· 71

第六章 简单做事

简单生活就是快乐生活，简单是一种平淡，却不是枯燥；简单是一种平凡，却不是平庸；简单是一种原汁原味的美。简单做人，洒脱自在。简单生活，逍遥一生。要得到内心的那份坦然和快乐，就要做一个简单的人，率性而为，永远保持着纯真和童心。

■ 不要把事情想复杂 ·············· 77

■ 别把生活搞得太复杂 ·············· 79

■ 寻找快乐 ·············· 81

■ 简单做人是一种智慧 ·············· 84

第七章 智慧做人

智慧的人懂得谦虚、智慧的人心胸开阔，智慧的人会变通，因此，智者在人际关系上如鱼得水，在事业发展上一帆风顺、如日中天，在经济上财源滚滚、收入丰厚，在家庭上婚姻美满、爱情甜蜜。

■ 懂得以退为进 ·············· 89

■ 学会与人相处的技巧 ·············· 93

■ 恭维也需要技巧 ·············· 97

■ 生活需要善意的谎言 ·············· 99

第八章　方圆处世

为人处世之所以要留三分就是为了把握一个限度。路经窄处，让一步予人行；滋味浓时，减三分让人尝。话不要说满，事不要做绝。谨慎处世，小心做人。怀一种自谦心理，认识到自己的渺小，你才有可能在社会的风浪中平稳航行。

■ 方圆做人 …………………………………………………… 103

■ 方圆处事，凡事留一手 ………………………………… 107

■ 做人要善于隐匿 ………………………………………… 109

■ 留条后路给自己 ………………………………………… 111

第九章　做人灵活

茫茫人海，浮沉人生，方圆做人，圆满做事是我们每一个人都渴望做到的。但是你若不懂得运用手段去做人，那么你注定平庸一生，无所作为。要想做一个成功的人，就需要有做人的手段。

■ 看碟下菜 …………………………………………………… 117

■ 学会幽默 …………………………………………………… 119

■ 要懂赞美他人 …………………………………………… 123

■ 善处小人 …………………………………………………… 125

第十章　要悟玄机

做人要悟玄机，就是做人不要太单纯，想法不要太简单。要察言观色，洞悉人性内心深处的玄机。只有这样，在人生的舞台上，才能掌握自己的命运，在人际交往中拔得头筹、在做事中稳操胜券。

■不要太单纯 …………………………………… 131
■场面话可以说，但不可以信 ………………… 134
■该违心时就要违心 …………………………… 136
■话不能乱说 …………………………………… 140

第十一章　要讲诚信

诚信是道路，它会使你的脚步延伸，人生之路越走越宽广；诚信是财富的种子，只要你诚心种下，就能找到打开金库的钥匙。诚信是一种大智慧，更是一种做人的高境界。

■人无信而不立 ………………………………… 145
■以诚待人 ……………………………………… 148
■真诚才能感人 ………………………………… 151

第十二章　心态要好

　　人生坎坷，不可能一帆风顺，事事称心如意。有时我们会都都寡欢，有时我们会手舞足蹈，有时我们会暴跳如雷，有时我们会欢声笑语。不同时候伴随我们的心情也是千变万化的。我们要调整好自己的心态，保持一颗宽容而快乐的心，不要老是停留在抱怨的阴影中自寻烦恼，凡事要往好处想，再苦也要笑一笑。相信船到桥头自然直，一切都会过去的。人生只有快乐才是最重要的。

■ 微笑着面对生活 ……………………………………… 157
■ 有一颗感恩的心 ……………………………………… 161
■ 感谢逆境 ……………………………………………… 164

第十三章　性格要好

　　好性格的人处理事情不急不躁，所以能井井有条；对待朋友热情诚恳，自然能左右逢源；面对挫折勇敢坚韧，因此能百折不挠。一个拥有好性格的人必将会有好能力、好前途、好人生。

■ 别有嫉妒心理 ………………………………………… 169
■ 不要自卑 ……………………………………………… 172
■ 克服懦弱的性格 ……………………………………… 175
■ 要有乐观的精神 ……………………………………… 178

第十四章　该糊涂时糊涂

糊涂是一种境界：能忍能让、不争长短显得超脱潇洒。糊涂也是一种智慧：超然于小事之外的眼光让他于大事上有着更敏锐的洞察力和更准确的判断力。

■ 难得糊涂 ································· 185

■ 看时机才聪明 ························· 189

■ 大智若愚 ······························ 192

■ 不妨适当装装傻 ····················· 195

第十五章　做事留余地

做人不要做得太绝，多一个冤家多一堵墙，得饶人处且饶人。留有余地，才能万事做到均衡、对称与和谐。留有余地，才能做到进退自如、坦然从容。

■ 说话留余地 ··························· 201

■ 给人留台阶 ··························· 203

■ 得饶人处且饶人 ····················· 205

■ 给他人留点面子 ····················· 208

第十六章　不要太计较

做人，太在乎，是拿得起放不下，因为拿得起，做什么都放在心上，所以成功的愿望非常强烈；因为放不下，害怕失败，怕输不起，所以做人就做得很累。

■吃亏是福 …………………………………………………… 213

■不要在意一时的得失 …………………………………… 215

■不要斤斤计较 …………………………………………… 218

■不为薪水而工作 ………………………………………… 221

■不为他人的批评而发怒 ………………………………… 223

第一章　做人低调

　　低调是人生之路的润滑剂，是事业之路的助推器，放下架子真诚地去低调做人，必将描绘出人生的精彩画卷。低调做人不仅是一种境界、一种风范，更是一种思想、一种哲学。

■ 低调也是一种智慧

曾经看见这样一个故事说的是两只大雁与一只青蛙结成了朋友。秋天来了，大雁要飞回南方，它们希望青蛙与其一道飞上天，青蛙灵机一动：让两只大雁衔住一根树枝，然后自己用嘴衔在树枝中间，三个好朋友一齐飞上了天。地上的青蛙们都羡慕地拍手叫绝，问："是谁这么聪明？"那只青蛙只怕错过了表现自己的机会，于是大声说："这是我……"话还没说完，青蛙便从空中狠狠地摔下去了。

这个故事在许多人眼里仅仅是一个笑话，仅仅可以让人在偶尔的紧张工作之余舒展一下紧绷的神经。但在我看来它却可以教给我做人的道理，那就是低调，是一种能够面对真实的自我时该有的生存智慧。

在多数人眼里，低调的生活态度是没有远大理想、目光短浅、精神颓废、缺乏自信的表现，事实上低调不是精神颓废，颓废的人没有追求和理想，面对生活的不幸缺乏必要的意志来改变自己的命运。而在低调者看来，苦难与不幸只是生命航程中必不可少的风景，他们能够清醒地面对自己和客观环境，并能够在遭遇风浪时知道低头让步，确保自己有再次起立的机会。低调的人也不缺乏自信，只是对自己有一个清醒的认识，不愿为时过早地轻易下结论，不愿对事情的发展进行盲目乐观的估测。

低调是一种显示为柔弱，但是比刚强更有力的生存策略，犹如海之内敛与狂傲兼具，火之温柔与勇猛并存。低调的人表面上常常给人一种懦弱的感觉，但低调绝不是懦弱的标志，而是聪明持久的象征。因为只有低调，才能成大事，铸就辉煌。

低调的本质是一种宽容。低调者首先放弃显耀自己，不愿将自己强过于人的方面表现出来，这是对其他人的一种尊重，对不如自己的人的一种理解。低调的人相信：给别人让一条路，就是给自己留一条路。

我们应该保持低调，低调是正确认识自己的自知之明，是一种诗意栖居的智慧，是一种优雅的人生态度。生活中，人们似乎总想寻觅一份永恒的快乐与幸福，总希望自己的付出能够得到相应的回报，然而生活并不像我们想的那样顺畅，当你的努力被现实击碎，当你的心灵逐渐由充满激情走向麻木的时候，你感受到的可能只是深深的苦闷与失望，然而，在低调者看来这只是生活对自己的一次拷问。

低调的人比一般人经历更少痛苦的原因在于他们知道如何避免失败，他们不会用种种负面的假设去证明自己的正确，只会让事实证明自己的理论。总之，低调是一种优雅的气质，是一种高尚人格的再现。保持低调，是对生存智慧的正确运用，唯其如此，我们才能真正享受生存的快乐。

我们说的低调，实际上是指在条件不成熟时，潜心努力，积蓄能量，蓄势待发。决不会盲目行动，暴露自己的目标，让自己的计划在还未成熟时就夭折于众人的枪口之下。这样的低调，是摒弃浮躁，沉入生活的底层，返璞归真，实实在在地做人，勤勤恳恳地做事。

　　山不拒垒土而高，水不择细流而广。低调做人是一个人在面对真实的自己时，能容人之不能容，忍人之不能忍，成己之博大的宽阔胸怀。所以，低调不是懦弱，不是退缩，不是颓废，而是大智者能面对真实的自己的一种勇气。

■不要抢了别人的风头

在任何时候都不要强出风头，获得朋友的支持是通过日间慢慢积累的结果。每个人在言谈举止之间，别人都会观察你、品评你，尤其是你的同事、朋友。

只要你有成就，你努力了，你待人宽厚，那么他们自然会欣赏你，也不需要你强出风头。强出风头，往往会引起别人的反感。

"木秀于林，风必摧之"、"直木先伐，甘井先竭"，像这样的话很多，通常用来告诫人们，做人要韬光养晦、不露锋芒。因为，出风头的人容易受到他人的攻击。做人持中，做事持中，这是中国为人处世的哲学。

在现实生活，有一种人，他们能力、才能都有过人之处，可正因为他们比别人在工作中所起的作用大一些，便总以为一切高、精、难的工作必须由他才能更好地完成，从而轻视他人的能力与才华，认为其他人根本就无能为力。正因为他们这样的想法，所以他们往往受到别人的为难，有的甚至丢掉了性命。

当然，我们并不是否定那些勇往直前，万事当先的人，只是强调前与后是有分寸的。那么，在我们的工作中，在与同事的交往中，应该如何去把握这种不前不后的分寸呢？

第一，必须认清自己在工作中的位置和在公司里的角色。属于自己的工作职责范围内的事情，这是自己必须做的，所以你必须尽力去完成，做到在其位谋其职。至于自己工作以外的事情，则以"多一事不如少一事"为原则，不应该涉及的尽量不要去涉及，尤其不要自诩"内行人"或者"明白人"以居高临下的姿态去对待同事、领导。即使人家请你帮忙，也应该以一种谦逊的态度对待他人。

第二，在名誉、利益面前，不要表现得过于热衷。即使有所追求，也应该在表面上含而不露，应该通过为人与处世的技巧去赢得同事和领导的认同。以避免成为众人排挤的对象。要知道，很多事情的成功，正如在沙场上作战一样，"迂回包抄"要比"正面直接"进攻有效。

贵而不显，富而不炫是一种欲望控制的结果，是理智的化身。它需要人们在工作的过程中沉着、稳定，不以情绪支配言行，不受心理欲望蛊惑。

贵而不显，富而不炫，也是一种处世哲学，更是一种处世技巧，它的根本点就在于明白保身。这种策略可以保证你在一处群体之中四平八稳，步步为营地向前推进。

生活中的任何事情都可以一分为二。贵而不显，富而不炫说的是在朋友、同事、利益与荣誉面前，不过分张杨自己，不踩着别人的肩膀向上攀登。另外，贵而不显，富而不炫还是一种过程，但这种处世的态度带来的结果往往是赢得朋友、同事、上司的认同，最终脱颖而出。

我们在观看一场马拉松比赛时，通常会看到在前半程跑在最前面的人反而不容易夺到金牌，位置太靠后的落伍者也同样与冠军无缘。而跑在第二位置或稍后一点的队员却在更多时候得到了冠军，这同人与人之间的竞争和相处何其相似，人生的奋进过程其实就是一次马拉松比赛，只有恰到好处地保持你的位置，把握你应该站立的分寸，才能取得更大的成功。要知道，在这场比赛中，人们要看的不是过程，而是最后的结果。但是结果如何正是由过程来决定的，贵而不显，富而不炫才是最佳人生的位置。

■不要得意忘形

工作中，做事要考虑别人的感受。否则就很容易给人一种矫揉造作的感觉，得不到大家的喜欢。还有一些人做出了点成绩，总是喜欢在同事面前谈论，甚至还借此来贬低别人，以此来显示自己的优越性。这种锋芒毕露的做法是最愚蠢的，你是怎样的人，你做事怎么样，大家心知肚明。即使你思路敏捷，口若悬河，说得再好也不会改变你在同事心中的印象，只会让人感到厌恶，他们也不会接受你的任何观点和建议。结果就会失掉了自己在同事中的威信，这样做恰恰显示的是你人性中最薄弱的一面。

恰当、自然、真实地展现你的能力和才华值得赞赏，但刻意地自我表现则是最愚蠢的。在工作，要想与众不同，得到同事的肯定和老板的赏识，的确需要适当表现自己的能力，让同事和上司看到你的过人之处。但很多人往往陷入这样的误区，那就是在错误的时间地点表现自己，不知什么是收敛，结果往往在工作竞争中输得莫名其妙。可以说同事之间处在一种隐性的竞争关系之下，如果一味地刻意表现，不仅得不到同事的好感，反而会引起大家的排斥和敌意。一个聪明的人在成功地做完一件事时会谦虚地说："功劳是大家的。"一个蹩脚的人在成功地做完一件事时会炫耀自己一个人完成了多么艰巨的任务。

当然，表现自己，使自己获得一份好的工作和丰厚的回报是无可厚非的。但是，表现自己要分场合、分方式。表现自己的时候，态度一定要诚恳。特别是在众多同事面前，如果只有你一个人表现得特殊、积极，往往会被人认为是故意推销自己，常常会得不偿失。当然，除了在得意之时不要张扬外，即使在失意的时候，也不能在公开场合下向其他人诉说别人的种种不对。而最好的选择就是，与大多数人保持一致，然后适当地表现自己。千万不要锋芒太露。

一次，何志因为加官晋爵，约了几个朋友在一起吃饭庆祝。或许是因为年少得志，或许是被胜利冲昏了头脑，或许是因为多喝了几杯，他就在酒桌上大谈特谈自己成功的经验，大谈特谈自己的才华是如何如何的出众，能力是多么的强于别人。但他忘记了同桌有一个屡试不第的老"范进"，评了五六次职称，年年都是名落孙山，眼看着胡子一大把了，却仍然和那些嘴上毛头小子一起参评。为这件事情，妻子隔三岔五地数落他，骂他没本事，没能耐，而且就连离婚都已提上了议事日程。你想，在这种情景下，他能听得下去吗？所以，没喝几杯，他就借故离开了，弄得一桌人不欢而散。过后，有些朋友就说何志不够朋友，明知道有老"范进"在座，却大谈特谈什么自己的成功之道，且得意之色溢于言表，未免太残忍了一些。好端端的一件喜事，最后却弄成这样，这恐怕出乎请客者的意料。

所以，不管你是新近升了官、发了财，你尽可以高兴、得意，但切记不要忘形，要知道，得意忘形的人，很容易遭到别人的排斥，到那时，你就会为自己的狂妄付出代价，别人也会觉得你这个人不是一个很具修养的人。你的前途就会受到直接影响。

■ 不要摆架子

哲学家爱默生说："一个聪明的人能拜一切人做老师。"任何人身上都有值得我们学习的地方，这个人可以是我们的上司，可以是我们的同事，可以是我们的亲朋好友，也可以是我们的竞争对手。所以，在某些时候，你们应该放下你的架子，去学习你这些朋友好的地方，当你有良好的心态谦虚地向这些人学习时，你的修养就会得到提高。能力也会相应地有所提高。假如你认为自己无所不能，没有谦虚的精神品质，你的职业生涯就永远都没有太大的起色。

玛丽和瑞莎同在一家传媒公司的广告部工作，这天经理皮特分别交给她们一项开发大客户的任务，由于她们的任务都比较艰巨，所以在她们离开经理办公室时，皮特特意叮嘱她们："如果有什么需要帮忙的话可以直接找我，同时要注意和其他部门的协调。"

玛丽的业务能力一向很强，她在广告部的业绩也经常名列前茅，她也常常因此感到骄傲，有时候同事们甚至觉得玛丽已经骄傲得过了头。离开办公室后，玛丽心想，"皮特有什么能力，他只不过比我早到公司几年罢了，我解决不了的问题恐怕拿到他那里也没办法解决，再说了开发大客户的任务怎么和其他部门协调，其他部门怎么懂得这种事。凭我自己的能力和智慧一定会完成这项任务的"。

而瑞莎走出经理办公室以后就直接到公司企划部和售后服务部向

大家打了一声招呼，"过几天我可能有一些问题要向大家请教，同时也需要大家的合作，我先在这里谢谢大家了。"瑞莎同时也想，玛丽一向骄傲，但如果自己要想实现业务能力的提高就必须向她多学习，不到万不得已的时候不会麻烦皮特先生，但在客户沟通等方面自己确实需要皮特先生的大力鼎助。

这次的任务确实比以前艰难得多，通过向玛丽和皮特先生学习，以及公司其他部门的配合，瑞莎的任务超额完成了，她为公司带来了好几笔大生意，当然公司也给了她优厚的奖励，而且还让她和其他部门的优秀员工一起到夏威夷免费旅游。玛丽也联系到了一些大客户，但因为她的工作不到位，有些客户选择了其他公司。

成长的的确确不能只靠自己，任何伟大人物的成长都需要与他人彼此合作，取长补短。一个人的成长如此，一个团队、一个公司的成长尤其应该如此。在公司中，每一个员工都应该有谦虚谨慎的品质，学会接纳别人的意见和建议，为自己树立更好的人脉关系。

所以，我们应该收起自己的傲慢，表现得谦恭一点，每个人的身上都有值得我们欣赏和学习的地方，不论在哪里工作，我们都会遇到在某一方面比我们强的人，真正聪明的人会以此为激励，并在与优秀的人合作的过程中逐步提高自己。

记住这样一句话：永远不要摆架子。

■ 沉默是金

沉默成为了重要的社交艺术，它并不是说一言不发、一声不吭，如果这样，牌局就无法进行下去，沟通也无法进行下去。在牌局上，沉默是金告诫初出茅庐的人不要轻易透露自己的实力；在沟通中，则告诫我们不能喋喋不休地讲个没完，同时，在没有真正把握之前，不要马上发表意见、看法，更不能对尚不了解的问题过早下结论。

一次社交聚会上，气氛很热烈，每个人都积极表示自己的观点，正当大家谈得非常起劲的时候，聚会的主人却默默地坐在一旁一言不发，很长时间她面带微笑，欣然地聆听着在座的每一个人的观点。开始大家以为主人是个不善言谈的人，没有太多人注意她。

过了一段时间，大家想让聚会的主人说说对这个问题的看法。宴会主人面带微笑，用柔和的语调发表了自己的看法。一个大家原以为不会讲话，无话可讲的女子，说出的话却是那么深刻、态度谦逊而又充满自信。大家被她的观点所吸引，每个人都认真地听着她一个人在讲话。参与聚会的每个人都为主人的气度和才华所折服。

观察别人，我们通过别人的不同表现、谈吐做出的判断。要想有效地沟通，首先得先听，先看，观察我们沟通的对象，先认识别人，就得保持沉默。沉默让我们有更多的机会和时间去倾听周围人有声和无声的语言。虽然一言不发，实际上我们在积极地参与沟通。

沉默不是消极，是积极参与交往的一种特殊表现形式。沉默，对大多数人来说，特别是习惯了说话过多的人也是一种挑战。很多时候我们费不少口舌解释某件事情，希望别人接受我们所说的观点、意见，却忽略了用沉默来让别人有时间了解、分析我们所做的事情。

少说话，多做事，告诫我们不是勉强自己不说话，而是力求自己说得每句话都有实质意义，都有相当价值。一个人说得很多，滔滔不绝，却空洞无物、缺乏新意、缺乏针对性，这种话实际上是没有人喜欢听的。

沉住气，静下心，多听，少开口，这样一旦开口就会更有自信，说得更有内容，我们所说出口的话就会更有分量。

第二章　做人现实

　　自视清高的人随处可见，这些人往往认为自己是天才，能够成大业做大事发大财，怀揣着理想要有所作为，但严酷的现实却难以使人如愿。对现实的清醒认识是对虚妄想象的折磨。要知道"全世界的鸡蛋联合起来也不能打破石头"，所以做人还是要现实一些。

■天下没有免费的午餐

天下没有免费的午餐，也没有不劳而获的事。只有付出了，才会有所收获，这是千古不变的。当你为晚餐而思考时，为何不为晚餐而行动呢？

很多年前，有一位修士，他非常虔诚地信奉上帝。他认为只要信奉上帝，一切都会得到改变。

一天，修士在街道上走着，心里为晚餐而祷告，他相信上帝会为他送来一顿丰富的晚餐。修士运气很好，他路过的那条街道正好有一家人在办喜事，于是主人把修士请进了家里，并为他准备了一桌很丰富的晚餐。为此，修士更加相信上帝了。

饭后，修士走了，在路上遇到了几只野狗，他一点都不害怕，他认为上帝一直都在保护着他，不幸的是，他让这几只野狗咬伤了，为此，他在心里想，上帝一定去吃饭或者做其他更加重要的事了。

又走了一段路，天已经暗了下来，修士没有找个地方休息，而是继续赶路。这次修士更不幸，他从山坡上滑了下来，可是修士忍着痛一声不吭，他相信上帝不会丢弃他的孩子，一定会救他，奇迹出现了，滑到一半的时候，一棵树挡住了他，可是修士没有好好地抓住，又继续往山下滑，眼看修士就要滑到悬崖边了，又是一棵树挡住了他，这次修士仍然没有好好地抱住大树，他在心里想上帝会救他的，于是任由自己往下滑落。

最后，修士滑下悬崖摔死了。

死后，修士的灵魂飞上天堂，他对着上帝大声质问："我是如此虔诚地信任你，你为何看着自己的孩子摔死而不救。"

上帝非常奇怪，于是说道："我对任何一个孩子都是公平的，对你也一样，当你滑到一半时，我用一棵小树挡住了你，可是你没有抓住，快到悬崖时，我又用一棵大树挡住了你，你依然没有抱住，最后，我没有办法再用什么挡住你往悬崖下掉落了。因为我找不到任何东西来挡住你。但是，我很奇怪，为什么我给你两次机会你都不把握呢？"

"因为我相信您会把我直接送上山的，就像下午送我晚餐一样。"修士理直气壮地回答。

"哦，我的孩子，我想你错了，我根本就没有送你晚餐。你要相信，世上没有不劳而获的事。我虽然是无所不能的上帝，可我依然要努力地工作，努力地帮助你们，只有这样，我才能获取更大的法力。"上帝感慨地说道。

付出也是一种行动，不行动你如何会有所付出，任何一次收获都是你付出以后换来的。我们都清楚，天下没有免费的午餐，也没有不劳而获的事，有了目标，就要立即行动，修士滑到山下，就应该努力地让自己稳住，靠自己的努力爬到山上，可是他没有珍惜两次机会，使自己白白失去了生命。

从前有一户人家的菜园里摆着一块大石头，宽度大约有40公分，高度有10公分。到菜园的人，不小心就会踢到那一块大石头，不是跌倒就是擦伤。

儿子问："爸爸，那颗讨厌的石头，为什么不把它挖走？"

爸爸这么回答："你说那块石头呀？从你爷爷时代，就一直放到现在了，它的体积那么大，不知道要挖到什么时候，没事无聊挖石头，不如走路小心一点，还可以训练你的反应能力。"

过了几年，这块大石头留到下一代，当时的儿子娶了媳妇，当了爸爸。

有一天媳妇气愤地说："爸爸，菜园那块大石头，我越看越不顺眼，改天请人搬走好了。"

爸爸回答说："算了吧！那块大石头很重的，可以搬走的话在我小时候就搬走了，哪会让它留到现在啊？"

媳妇心底非常不是滋味，那块大石头不知道让她跌倒了多少次。

有一天早上，媳妇带着锄头来到了大石头那里，在她的心里认为，这个大石头要挖一天吧！可谁都没想到这个表面上很大的石头，一个多小时就挖出来了，看着挖起来的石头没有想象的那么大，所有人都被那个巨大的外表蒙骗了。

这个故事给我们的启示也是同样的道理，如果媳妇没有立即行动，一家人将永远被大石头蒙骗下去，也将永远受到伤害。

天上只会落下雨点和雪花，永远不可能掉下面包。成功者们永远都只看前方，不会仰望天空坐等机会掉到手里。只有失败者才会等待天空掉下面包来。小学时我们学习的寓言《守株待兔》给我们讲的也一样是这个道理，没有不劳而获的获取。

付出与回报是双向的，没有得不到回报的付出，也没有不用付出就能得到的回报。我们在公司也是一样，公司是个讲求经济效益的地方，它不可能在你没有付出的时候给你更多的回报，当然，它也不会让你的努力白费。

■先舍才会有得

人生有得有失，我们只能朝着一个方向前进，人生的苦恼，有时是因为不会放弃。这就是说，在我们的人生路上，尤其是面临人生重要关口时，我们要选择对了方向，只有方向对了，我们才能朝着一个方向前进。但是，在这个选择过程中，我们可能会面对一些难以取舍的问题，这时就要学会放弃，只有学会放弃，人生才会得到快乐。但是，放弃是有原则的，该放弃的放弃，不该放弃的就不能放弃。

所以，应该学会改变不能接受的，接受不能改变的。生活中那些聪明人总是在得失之间及时选择，把一切不利于自己的东西都放弃。同时，在此过程中，他们也深深地明白：人生有些范畴是完全可以放弃的，而有些范畴又是完全不可放弃的，比如荣誉和利益可以放弃，而权利和义务不应该放弃；观念可以放弃，而人格和尊严则不可以放弃；结果可以放弃，而过程则不可以放弃；情感可以放弃，而责任则不可以放弃；生命可以放弃，而信仰必须坚持。

世上的事，往往相辅相成，拥有之中便有失去，缺乏当中又会有获取。将人生的镜头调到不同的角度，便会产生奇妙的结果。在"没有"之中寻找快乐，就是我们把人生当成一种得与失的循环而顺其自然地寻找其明亮的结果。生活当中，我们不要固执，别总是认为得与失永远只能对立，我们应该换个角度来看，得和失永远是一对孪生兄弟，如影随形。做人不能因为固执而坚守自己已经得到的，也不能因为执着而迷恋已经失去的。

第二次世界大战刚刚结束，以美、中、英、法、苏为首的战胜国决定在美国纽约成立一个协调处理国际事务的联合国。

成立联合国的速度很快，但当他们准备就绪时，才发现，联合国竟然没有一处立身之地。刚刚成立的联合国想买块地吧，可是他们根本就没有资金；联合国成员国给吧，负面的影响又太大。而且大战刚刚结束，哪一个国家不是国库空虚？甚至有许多国家还处于赤字居高不下的情况，对于这样的事情，联合国成员国都很伤脑筋。

成立联合国的消息很快传开了，没有立足之地的消息也传到了那些比较有钱的家族或财团那里，美国著名的家族财团洛克菲勒家族也自然得到了这个消息。几经商议，洛克菲勒家族果断出资870万美元，在纽约买下一块地皮，将这块地皮无条件地赠予了这个刚刚挂牌的国际性组织——联合国。同时，洛克菲勒家族还将送出去的这块地周边的所有地皮全都买了下来。

洛克菲勒家族的做法受到了很多大财团的嘲笑，有人说洛克菲勒家族的做法"简直是蠢人之举!"并纷纷断言："这样经营不要10年，著名的洛克菲勒家族财团，便会沦落为著名的洛克菲勒家族贫民集团!"洛克菲勒家族对这样的说法置之不理。

出人意料的事发生了，联合国大楼刚刚建成不久，它四周的地价便飙升起来，洛克菲勒家族所买的周边土地的地价也翻了几十倍，或者近百倍。这种结局，令那些曾经嘲笑过洛克菲勒家族捐赠之举的财团和地产商们目瞪口呆。

　　这是典型的"因舍而得"的例子。如果洛克菲勒家族没有做出"舍"的举动，勇于放弃眼前的利益，就不可能有"得"的结果。常言道，有得必有失。任何一个人若要在某一领域有所作为，必须在其他领域显得笨手笨脚。如同把一块上等的木头雕刻成一件工艺品一样，你必须知道哪些部分是必须除去的，才可能做成一件工艺品。否则，什么都想留着，最后得到的只会是一块原封不动的木头。同理，在成就事业方面，我们只有放弃不必要的部分，才能真正地获得成功所必需的那一部分。要知道，什么都想得到的人，可能会为物所累，最终一无所获。

■ 从小事做起

每个人所做的工作，都是由一件件小事构成的，但不能因此而对工作中的小事敷衍应付或轻视责任。所有的成功者，他们与我们都做着同样简单的小事，唯一的区别就是，他们从不认为他们所做的事是简单的小事。

一个英国人和一个犹太人一同去找工作。一天，他们同时看到一枚银币躺在地上，英国青年看也不看就走了过去，犹太青年却激动地将它捡了起来。后来，两个人同时走进一家公司。由于工资低，英国青年不屑一顾地走了，而犹太青年却高兴地留了下来。两年后，两人在街上相遇，犹太青年已成了老板，而英国青年还在寻找工作。

为什么两个人会有这样大的差别呢？英国青年的钱总在明天，这就是问题的答案。然而，金钱的积累不都是从"每一个硬币"开始的吗？成大事，必然先从做小事开始。

维斯卡亚公司是20世纪80年代美国最为著名的机械制造公司，其产品销往全世界，并代表着当今重型机械制造业的最高水平。许多人毕业后到该公司求职遭拒绝，原因很简单，该公司的高技术人员爆满，不再需要其他的技术人才。但是，令人垂涎的待遇和足以自豪、炫耀的地位仍然向那些有志的求职者闪烁着诱人的光环。

史蒂芬是哈佛大学机械制造业的高才生。和许多人的命运一样，他在该公司每年一次的用人测试会上都被拒绝申请，其实这时的用人测试会已经徒有虚名了。史蒂芬并没有死心，他发誓一定要进入维斯卡亚重型机械制造公司。于是，他采取了一个特殊的策略——假装自己一无所长。

他先找到公司人事部，提出为该公司无偿提供劳动力，请求公司分派给他任何工作，他都不计任何报酬来完成。公司起初觉得这简直不可思议，但考虑到不用任何花费，也用不着操心，于是便分派他去打扫车间里的废铁屑。

一年来，史蒂芬勤勤恳恳地重复着这种简单但是劳累的工作。为了糊口，下班后他还要去酒吧打工。这样，虽然得到老板及工人们的好评，但是仍然没有一个人提到录用他的问题。

20世纪90年代初，公司的许多订单纷纷被退回，理由均是产品质量出现问题，为此公司将蒙受巨大的损失。公司董事会为了挽救颓势，紧急召开会议商议对策，当会议进行到一大半却仍未有眉目时，史蒂芬闯入会议室，提出要直接见总经理。

在会上，史蒂芬把对这一问题出现的原因作了令人信服的解释，并且就工程技术上的问题提出了自己的看法，随后拿出了自己对产品的改造设计图。这个设计非常先进，恰到好处地保留了原来机械的优点，同时克服了已出现的弊病。

总经理及董事会的董事见到这个编外清洁工如此精明在行，便询问他的背景以及现状。史蒂芬当即被聘为公司负责生产技术问题的副总经理。

　　原来，史蒂芬在做清扫工时，利用清扫工到处走动的特点，细心察看了整个公司各部门的生产情况，并一一做了详细记录，发现了所存在的技术性问题并想出解决的办法。为此，他花了近一年的时间搞设计，获得了大量的统计数据，为最后一展雄姿奠定了基础。

　　只有心存远大志向的人，才有可能成为杰出的人物。但要成功，光有心高气盛远远不够，还需要从小事做起。

■ 做事要踏实

踏实地去做每一是值得做的事情，很多时候，某些方案的失败，人们总觉得是策略出了问题，但是，有一部分情况是因为不能踏实地去执行，结果耽误了时间，却没有任何效果。

早晨，农夫起床后，对妻子说自己要去田地里。然后就出门了。

当农夫来到农田时，他发现耕耘机里已经没油了。他想立刻去加油，转念又想到还没有喂家里的牲口，拔腿又往家走了。

回家途中，他看见仓库旁边有几个马铃薯，他想马铃薯应该正在发芽，于是又走向种马铃薯的田里。

没走几步，途中的木材堆引起他的注意，他想起了家中已经没有柴火，应该捡柴火回家。

还没等他捡完柴火，他看见一只生病的母鸡……于是，农夫来来回回地跑了好几趟。从早晨到正午，他什么事情也没有做，他甚至忘了早晨自己起来应该干什么了。

在工作中，很多人也像这个农夫一样，不会解决问题，也不会安排问题，干什么事情都是心不在焉，什么都想做，最后什么也做不了。一直手忙脚乱，却一直什么也做不好。比如，公司的接电话态度可能是件小事，可是顾客却可能会因接电话人的态度不好而拒绝与你做生意。送货的包装可能是小事，但外表的破损会失去顾客的信任。

邮寄的时间可能只是细节，但顾客可能怪你不准时而退货。损失金钱都是因为小细节不正确可能会影响整体的结果。

其实，说来说去，还是没有把心态摆好。现实中，我们生活、工作的节奏越来越快，这样，意味着我们所要做的事情也会越来越多，而且，竞争的激烈，使我们不得不考虑到长远的打算，所以，每一个人可能都会有一堆要实现的目标，那么，如何才能确保事情的顺利完成呢？

在一个冬天的晚上，西点军校一位军官交代给他的学生一个任务，把一副脏手套洗干净，第二天要用。学生马上去洗手套，但是洗完后不能在一个晚上晾干，学生把手套拧干，然后用干毛巾擦拭掉手套上的水分。到了凌晨3点，学生用双手给手套煽风，一个晚上过去后，到了早晨，学生把干净的手套交到了军官手里。

一件看似很小的事情，却反映了一个人是否具有脚踏实地、高效的执行力。

莱瑞·杜瑞松在第一次到外地服役的时候，有一天连长派他到营部去，交代给他7件任务：去见一些人、请示上级一些事，还有些东西要申请，包括地图和醋酸盐（当时醋酸盐严重缺货）。杜瑞松决心把7件任务都完成，虽然他并没有把握要怎么去做。

果然，事情并不顺利，问题就出在醋酸盐上。他滔滔不绝地向负责补给的中士说明理由，希望他能从仅有的存货中拨出一点。杜瑞松一直缠着他，到最后不知道被杜瑞松说服了，相信醋酸盐确实有重要用途，还是没有其他办法摆脱杜瑞松，中士终于给了他一些醋酸盐。

杜瑞松去向连长复命时，连长并没有多说话，但是很显然他有些意外，因为要在短时间里完成7件任务确实非常不容易。或者换句话说，即使杜瑞松不能完成任务，也是可以找到借口的。但他根本就没有想到去找借口，他心里根本就没有过失败的念头。

人不能好高骛远，只有踏实做好每一件普通的事情，才能最终胜任并做好自己的工作，任何一件事情的成功都反映了自己的执行力。好好品味每一份工作的背后所带给自己的收获，才能看清每一份工作都具有独特的挑战性。三百六十行，行行出状元，工作并无高低贵贱之分，任何时候都不要惧怕从小事做起。只有做好手边的工作，你才能获得最真实的劳动成果。有些事情会深深地印在我们的脑海中，留下终生难忘的印象；有些事情会改变事物的发展方向，使人们的命运发生转变。

■一分耕耘，一分收获

"勤奋就是财富，勤劳就是财富。谁能珍惜点滴时间，就像一颗颗种子不断地从大地母亲那儿吸取营养那样，惜分惜秒，点滴积累，谁就能成就大业，铸造辉煌。"

人生的许多财富，都是平凡的人们通过自己不断的努力而取得的。勤奋的努力如同一杯清茶，比成功的美酒更对人有益。一个人，如果毕生都能坚持勤奋、努力，本身就是一种了不起的成功，它令一个人从精神上焕发出光彩，这绝非胸前的一排奖章所能比拟。

生活中，在周而复始的日常生活中尽管有种种牵累、困难和应尽的职责、义务，但它却能使我们获得种种最美好的人生经验。对那些执着地开辟新路的人而言，生活总会给他提供足够的机会和不断进步的空间。人类的幸福就在于沿着已有的道路不断开拓进取，永不停息。那些最能持之以恒、忘我工作的人往往是最成功的。

"只要功夫深，铁杵磨成针。"勤奋工作，是一种敬业精神，是对工作的负责，是对既定目标的追求，更是成功的首要条件。有许多人总在责怪命运的盲目性，其实命运本身远不如人那么具有盲目性。了解实际生活的人都知道：天道酬勤，财富掌握在那些勤勤恳恳工作的人的手中。

观注历史，有许多让我们不得不认真对待的事实，这些事实也让我们明白，在获得巨大财富的过程中，一些最普通的品格，如公共意识、注意力、专心致志、持之以恒等，往往起着很大的作用。即使是盖世天才也不能轻视这些品质的巨大作用，一般人就更不用说了。事实上，那些真正的天才恰恰相信常人的智慧和毅力的作用，而不相信什么天才。甚至有人把天才定义为公共意识升华的结果。约翰·弗斯特认为："天才就是点燃自己的智慧之火。"波思认为："天才就是勤劳。"

也有人这样说——"人生就是一场竞技赛，生命就是赛程，能在这场竞技赛上获取金牌的人，都是永远勤奋的斗士，因为他们知道任何的成功都源于自始至终的勤奋和努力。"

事实也的确如此。在工作中，有许多人都想拥有一个不同凡响的经历和人生，要获得这种经历和人生，最好的办法就是勤奋。

蚂蚁堪称是世界上最勤奋的小动物。为了寻觅一颗米粒，小小的蚂蚁不知要爬多远的路，它要翻山越岭，爬上爬下；为了把食物驮回家，小小的蚂蚁宁可无数次地从山头滚下，然后又重新赶路。在蚂蚁的群体里，除了蚁王，每一个公蚁几乎都永不停歇地勤奋工作，它们要为蚁王寻找食物，要守护蚁群的安全，还要在冬天来临时搬运并储藏食物，还要挖洞穴，做各种各样的工作。蚂蚁的勤奋几乎已得到世界上大多数人的公认。蚂蚁的一生都在不停地忙碌中度过，它们的生命虽然短暂，但它们从不肯停下自己的脚步。除非是下雨天，蚂蚁才会允许自己休息一下，除此之外的时间里，蚂蚁都在重复着相同的工作而从不懈怠。

可是，看一下我们身边的人，那些整天叫苦连天的员工，他们总是抱怨自己太辛苦：工作太累，得不到休息，身心疲惫，没有任何属于自己的时间等等，于是，他们开始放任自己的松懈，开始任由自己的懒惰。而结果既造成他们自己的损失，也使公司的利益受到损害。因此，懒惰和松懈只能是一个人成功的最大障碍，而勤奋却是推动成功的唯一动力。

另外，还有一段话是这样说的："如果你是天才，勤奋则使你如虎添翼；如果你不是天才，勤奋将使你赢得一切。"所以，不论在任何时候，我们都要牢记，成功从勤奋开始。

第三章　做事到位

　　做人到位就是做人要适可而止、适时而止，不要太过于执着和张扬，也不要过于拘谨和自卑，只要雪中送炭不要锦上添花，到位就好。用点心思，提升做人的修养，做一个恰到好处的"完美人"，为自己奠定一生成功的基础。

■待人要有大气量

宽容是一种美，深邃的天空容忍了雷电风暴一时的肆虐，才有风和日丽；辽阔的大海容纳了惊涛骇浪一时的猖獗，才有浩渺无垠；苍莽的森林忍耐了弱肉强食一时的规律，才有郁郁葱葱。泰山不辞抔土，方能成其高；江河不择细流，方能成其大。宽容是壁立千仞的泰山，是容纳百川的湖海。

因为你的宽容，亲人爱护你，因为你的宽容，朋友信赖你。因为你的宽容，同事喜欢你。因为你的宽容，你周围所有的人都会接受你的存在，欢迎你的到来，这就是宽容的力量。你是否有一颗宽容心，是你有必要去仔细想想的问题。

林肯总统对政敌素以宽容著称，后来终于引起一议员的不满，议员说："你不应该试图和那些人交朋友，而应该消灭他们。"林肯微笑着回答："当他们变成我的朋友，难道我不正是在消灭我的敌人吗？"多么富有哲理的语言，多一些宽容，公开的对手或许就是我们潜在的朋友。林肯能够得到那么多人的尊敬和爱戴，原因也许就在于此吧!

与朋友交往，宽容是鲍叔牙多分给管仲的黄金，他不计较管仲的自私，能理解管仲的贪生怕死，还向齐桓公推荐管仲做自己的上司。

与众人交往，宽容是光武帝焚烧投敌信札的火炬。刘秀大败王郎，攻入邯郸，检点前朝公文时，发现大量奉承王郎、侮骂刘秀甚至谋划诛杀刘秀的信件。可刘秀对此视而不见，不顾众臣反对，全部付之一炬。他不计前嫌，可化敌为友，壮大自己的力量，终成帝业。这把火，烧毁了嫌隙，也铸炼坚固的事业之基。

你要宽容别人的抵触、排挤甚至诬陷。因为你知道，正是你的力量让对手恐慌。你更要知道，石缝里长出的草最能经受风雨。风凉话，正可以给你发热的头脑"冷敷"；给你穿的小鞋，或许能让你在舞台上跳出曼妙的"芭蕾舞"；给你的打击，仿佛运动员手上的杠铃，只会增加你的爆发力。睚眦必报，只能说明你无法虚怀若谷；以牙还牙，也只能说明你的"牙齿"很快要脱落了；血脉贲张，最容易引发"高血压病"。"一只脚踩扁了紫罗兰，它却把香味留在那脚跟上，这就是宽恕。"

在世界中，每个人都得生活、工作，都得接触社会与家庭。在居家过日子及烦琐的工作中，难免会发生矛盾，出现这样或那样的失误与差错。在这时，如果你不让我，我不让你，很容易引发家庭矛盾和同事的争斗。不能原谅自己或他人所出现的失误与差错，就会给自己和他人增加心理上的压力和影响今后的正常生活与工作，因此，我们需要学会宽容，"容人须学海，十分满尚纳百川"，懂得宽容待人。

宽容待人，就是在心理上接纳别人，理解别人的处世方法，尊重别人的处世原则。我们在接受别人的长处之时，也要接受别人的短处、缺点与错误，这样，我们才能真正地和平相处，社会才显得和谐。

宽容是人类文明的唯一考核标准。"宽以济猛，猛以济宽，宽猛相济"、"治国之道，在于猛宽得中"，古人以此作为治国之道，表明宽容在社会中所起的重要作用。宽容，是自我思想品质的一种进步，也是自身修养，处世素质与处世方式的一种进步。

现代的戴尔·卡内基不主张以牙还牙，他说："要真正憎恶别人的简单方法只有一个，即发挥对方的长处。"憎恶对方，恨不得食肉寝皮敲骨吸髓，结果只能使自己焦头烂额，心力尽瘁。卡内基说的"憎恶"是另一种形式的"宽容"，憎恶别人不是咬牙切齿饕餮对手，而是吸取对方的长处化为自己强身壮体的钙质。

在现实生活中，有许多事情，当你打算用愤恨去实现或解决时，你不妨用宽容去试一下，或许它能帮你实现目标，解决矛盾，化干戈为玉帛。生活中，不会宽容别人的人，是不配受到别人宽容的。但我们也不能一味地把退让、迁就也当作是一种宽容，当作是与人相处的最好方法。于是，我们就在现实生活中，处处退让、迁就，把自己的地位与做人标准都放弃了，那样，我们就对别人的错误一味地迁就，导致更大的错误发生，同时，我们也就失去了主宰自己的能力。这样的宽容是对别人和自己最不负责的表现，也是一种心理上的犯罪。宽容，生活中的一门技巧，宽容一点，我们的生活或许会更加美好。

■ 不要过于较真

公元1751年，郑板桥在潍县"衙斋无事，四壁空空，周围寂寂，仿佛方外，心中不觉怅然。"他想，"一生碌碌，半世萧萧，人生难道就是如此？争名夺利，争胜好强，到头来又如何呢？看来还是糊涂一些好，万事都作糊涂观，无所谓失，无所谓得，心灵也就安宁了。"于是，他挥毫写下"难得糊涂"。因此它被称为"真乃绝顶聪明人吐露的无可奈何语，是面对喧嚣人生，炎凉世态内心迸发出的愤激之词。"

在这个复杂的社会中，每个人都会遇到这样那样一些事情。有些事情是重要的，我们一定要认真地对待；而有些事情则不要过于较真，过分的钻牛角尖不但不能将其解决，反而只能给自己带来烦恼。俗话说：人生在世，难得糊涂。对某些事情而言，不用完全认真的态度去对待，未必就是一件坏事。

清朝乾隆年间，画家郑板桥中了进士，做了山东范县县令。寡妇朱月姣告状说魏善人欺侮她，魏善人说她借了银子想赖账。郑板桥马上明白其中原委，就装糊涂判魏善人赢，迫使他赔偿她二十两银子，从此郑板桥就有"难得糊涂官"的美称

任何一件事物都有着多面性，每个人处理和对待的方法也都不相同，对一件事情过于较真，往往会使人执着于一念，深陷其中而不能自

拔。

张三和李四是一对好朋友。一天，两人在街上相遇，边走边聊。

张三说："咱们都是穷哥们，要是咱们能捡到一笔钱该多好呀！不过，如果我们真的捡到了一大笔钱，我们两个应该怎么办呢？"

李四接过张三的话连忙说："什么怎么办，很简单呀，当然是我们一人一半分了呀。"

张三听了李四的话后，立刻表示出了反对，他忙说："不对，应当谁捡到的便归谁才对，凭什么让我分给你一半？"

李四接着说："咱们两个一块走，我们又是好朋友，你却想一个人单独吞掉，你真是一个守财奴，你不配和我做朋友，简直就是衣冠禽兽。"

张三当场大怒："你再敢说一遍，看我怎么收拾你。"

李四也不示弱："说就说，你当我不敢呀！衣冠禽兽，衣冠禽兽，怎么了。"

李四的话音刚落，张三的拳头便打了过来。就这样，两个平时很要好的朋友却因为对一件事情过于较真，反目成仇，打得不可开交。

这时，路上又走来一个人，大声喝道："两个猪狗不如的畜生，在路上打什么架呢！"说着便走了过去，准备将两个人拉开。

没想到张三和李四听了这个路人的话后，异口同声地说："关你什么事，你在说谁猪狗不如呢？"劝架的人看两人将矛头指向了自己，也不甘示弱，他大声对两人说："你们当我好欺负是不是？我今天就偏要管一管了，看你们能把我怎么样？"结果，三个人便扭打在一起。

没过一会儿，三人就都受伤了，他们气喘吁吁地坐在了路中央。这时，县太爷正好路过，他见三人脸上都有伤，并坐在地上气喘吁吁，便知一定是打架了，于是就问他们："是谁把你们打成这个样子的？"

三个人把事情的经过一五一十地讲给了县太爷听。

县太爷听后哈哈大笑，三人觉得不知所措，都愣在了那里不敢吭声。县太爷看着三人严肃地说："我还以为你们真的拾到钱了呢，你们三个不好好的到田里去劳作，在这里没事找事，看来我得教训教训你们，否则你们是不会清醒过来的。"县太爷吩咐手下的侍卫，将三人各打了五十大板后，便离开了。

生活中，有些人也会犯类似的错误；为一些鸡毛蒜皮的小事，甚至是根本不存在的一些事而与朋友闹翻脸。其实，对某些事情我们不必死抓着不放、处处都要占上风，要学会包容，任何人在与他人相处的时候都不可能不发生或大或小的一些矛盾，而对于这些，我们千万不要过于计较。看看那些成功人士，他们很少会不冷静的与别人去争执一件事情，即使对方是错的，他们也不会因此而与对方争执不休。也正这样的作为让他们表现的慷慨大度，更容易被人们接近。

■ 不要聪明过头

一个人不能不聪明，也不能太聪明。不聪明的人容易一辈子活在地狱里，太聪明的人则容易从天堂掉到地狱里。相对于那个一直在地狱里生活的人，那个从天堂掉到地狱里的人似乎更惨，因为很多人都无法承受这样的心理落差。事实上假如他们能够面对那个真实的自我时，就不会有这种危险，更不会承受不了这种心理落差。他们的得而复失完全是因为没有明白自己的真正含义和该处的位子。

年轻的华裔斯蒂芬·赵可谓功成名就，他从哈佛毕业后就在好莱坞施展宏图，不久便显露峥嵘，飞黄腾达，到36岁时已成为福克斯电视台的总经理。

然而，没过多久，赵的顺风船便触礁了。在一次由总裁鲁伯特·迈都克主持的公司高层人士的会议上，当赵就新闻检查发表演说时，他别出心裁地安排一位演员在一旁脱衣以表现新闻检查的良好效果。可没想到这一做法使董事们怒不可遏，迈都克只好将他解聘。

为什么精明如斯蒂芬·赵的人也会做出如此蠢事？那是因为聪明人一旦不能面对真实的自我时也会付出代价，甚至会付出更大的代价。

约翰·桑诺智商颇高并常以此炫人。这位好战的新罕布什尔前州长和白宫办公室主任在国会里频频树敌，却又不愿斡旋化解。桑诺曾轻慢过密西西比的参议员洛特，揶揄他"不足挂齿"，可洛特后来成为共和党参议员主席，桑诺不免大为尴尬。

高智商的桑诺甚至做出一些无异于政治自杀的蠢事，他使用军用飞机以个人名义到处视察，结果触犯众怒。可当他正需要人出面为之辩说时却后院起火，以往受够了桑诺呵斥的手下人纷纷倒戈，落井下石，桑诺的政治生命毁于一旦。

任何人都要清楚地看到自己的优势和劣势，即使你在某一领域显露出的才华并不能确保你在其他方面也很成功。许多高智商者往往无视自己的劣势，总认为自己在某一领域显露出的才华可以一俊遮百丑。当事实证明了这种意念的错误性时，说不定就已成了难以挽回的结局。

维克多·加姆是哈佛商学院的毕业生，靠推销小电器挣了百万之巨。1988年，加姆买下了"新英格兰爱国者球队"，可要经营一个人事纷杂的足球队与推销电动剃须刀完全是两码事。果然，加姆接手后球队就频频失利，随后又因球员对一名女记者的性骚扰而闹得沸沸扬扬，球队因此声名大跌，等到加姆从中脱身时，他已经赔进了几百万。

那些卓有成就的人士和真正聪明的成功者都能明了这些失误所蕴含的教训。他们乐于倾听他人意见，善于在别人的建议里看清自己的缺陷，决不自以为是。他们能与各种各样的人打交道，决不画地为牢；他们遇事深思熟虑，也深知自己才智的限度。

山姆·沃尔顿就是这样一位真正的商业才子。这位以5美元起家而到如今拥有550亿美元的沃尔玛王国的商界大亨，从不满足于待在他的公司总部里，而是坐着他的飞机到各地去考察他的那些为数众多的连锁店，他能耐心倾听各种各样的"同事"(他称雇员为"同事")们的意见，甚至常常亲自站柜台，将商品装在购物袋里递给顾客。

　　沃尔顿的谦卑即是他善于面对自己的最好解释，而这种解释也恰好诠释了他的成功。这世界没有不成功的人，只有不会面对真实的自我的人，自认聪明的人。

■ 适可而止

　　我们总是力图用语言去征服别人，说服别人，但往往却发现适得其反。因为争论不但没有让对方接受我们，反而使对方对我们产生了抵触情绪。争论对我们没有任何好处，如果你输了，那自然是输了；如果你赢了，你还是输了，因为你的辩驳让他颜面尽失，让他在心里对你产生了不满。当然，也有句话叫做"真理越辩越明"，人们之间的争论，人与人思想的碰撞也往往会产生智慧的火花。当然，在一些原则性问题上我们是应该据理力争，丝毫不应让步的。但是，对于生活中的一些小事，我们就没有必要去斤斤计较，非要在口舌上与人一争高下了。有句话叫作"适可而止"，这应是我们在面临与己不同的意见时的最好处理方法。我们可以保留自己的意见，也应该让对方保留自己的意见，没有必要非要让人家接受你的观点。"适可而止"是我们在处理人际关系上的一个原则。这不仅仅是指在思想上的、语言上的，还包括其他方面的，比如说爱好、兴趣、特长等。那么如何才能做到"适可而止"呢？

　　首先，能够容忍朋友的缺点。人无完人，我们每个人的身上都有大大小小的毛病，所以不要一发现对方身上的缺点就大惊小怪。可以在必要的时候，委婉的指出对方的缺点，帮助其改正。

　　其次，尊重朋友的隐私。我们总会有这样的毛病，朋友告诉我们的事情，没有经过对方的允许就从我们的嘴里传了出去。由此或许会引来朋友对我们的反感。它对于我们来说不成其为秘密，但到了朋友那里，可能就成了隐私，他们出于信任而告知了我们，但我们没有经过对方的允许却把它传播了出去。如果我们的隐私被别人泄露了，就会感觉不痛快，朋友自然也不例外。在这个世上我们每个人都应该有属于自己的秘密的，如果一个人连自己的秘密都保存不住，那岂不成了一件很可怕的事情。所以，我们要学会尊重朋友的隐私。

再次，保留朋友的观点，也相当于保留朋友的个性。在交友时，我们总倾向于结交一些可以给我们提出一些宝贵意见，对我们的人生发展能做出一些指导的朋友。当然，我们在别人心里也有可能会成为这样的人。没有人会去喜欢一个没有主见的人。所以，当我们与对方的观点发生冲突的时候，不要强迫对方接受自己的观点。当然，我们也不应该把它憋在肚子里，而是应该提出来，仅供对方参考。如果我们硬要把自己的观点塞给别人，反而会招致别人的不快。长此以往，恐怕朋友也没得做了。

因此，没有必要用你的观点去要求别人，以你的思想做模子去衡量其他人的思想。

成功学大师戴尔·卡耐基曾经讲述过他自己的一段经历。第二次世界大战结束后的一个晚上，他去参加一个为罗斯·史密斯爵士举行的一场宴会。当时他是史密斯的私人经纪。欧战胜利后不久，他曾以30天内飞行半个世界的壮举而震惊了世界，这次宴会，就是为了对他表示庆祝而举行的。席间，坐在他身边的一位先生讲了一则故事，并随口引用了一句话，大体意思是说"谋事在人，成事在天"。这句话出自莎士比亚，对此，卡耐基十分确信。但那位先生却搞错了，说他引的那句话出自《圣经》。当卡耐基给予纠正时，立刻遭到了那位先生的反驳，坚信自己没有搞错。于是，他们便向另一位朋友求证，他研究莎士比亚的著作已有多年。他听了他们的讲述之后，在桌子下面偷偷踢了卡耐基一脚，说道："戴尔，你错了，这位先生才是对的。这句话的确出自《圣经》。"

回去的路上，他问自己的这位朋友为什么那么说，因为他明明就知道那句话是出自莎士比亚。朋友说："是的，这句话出自《哈姆雷特》第五场，你是正确的。但是，我的朋友，我们都是宴会上的客人，为什么要证明他错了，那样会使他喜欢你吗？为什么不保留他的颜面？他并没有问你的意见也并不需要你的意见，你为什么非要让对方不高兴呢？记住，做人做事要适可而止。"

第四章　懂得变通

　　做人要随机应变，见什么人上什么菜，到什么山唱
什么歌。悬崖勿忘勒马，撞了南墙要回头。变通是做人
的一种手段，更是一种人生智慧。它可以使你在危难关
头化险为夷，在工作中如鱼得水，在人际交往中处于不
败之地，让你拥有成功的人生。

■ 要学会变通

有一次，佛陀行经一个森林，口渴，就告诉侍者阿难："你去前面小溪为我取一些水来。"

小溪实在太小了，被经过的一些车子弄得很污浊，水不能喝了。于是阿难回去告诉佛陀："那小溪的水已变得很脏而不能喝了，请您允许我继续走，我知道有一条河就离这里只有几里路。" 佛陀说："不，你回到同一条小溪那里。" 当他再走到那条溪流前时，奇迹发生了，溪水就像它原来那么清澈纯净，甚至可以数得清水流中快活游戏的大鱼小鱼。阿难笑了，提上水跳着舞回来，拜在佛陀脚下，心悦诚服地说："您给我上了伟大的一课，没有什么东西是永恒的，都是变的。"

从这个故事我们可以看出，成功往往始于耐心，失败常常由于急躁。事实上，任何问题都有相应的解决方法，只要善于变通。一个人坚信自己的能力，并能够学会变通，就能走向成功，这也就是我们常说的"故事里面藏有成功的真埋"。

在《我们为什么还没成功》一书里有这样的一句话，我一直都把这句说得很好的话放在心里："变通是一种生存的智慧。不要一成不变地去做，那样对我们来说，并不是什么好事。"是啊，现实生活当中，我们应该学会变通，我们要尽可能避开难走的路或行不通的路，另外再去寻找一条新的路。

说到这里，我给大家讲一个也许你们都听说过的小故事。一天，东郭先生让他的三个弟子外出到襄阳送些东西。为了让三个弟子安全、快捷地把东西送到，东郭先生送他们三个到了大路口，并对三个弟子说："从这儿往南走，全是畅通的大道，你们就沿着这条路走吧！千万不要走岔了。"叮嘱完三个弟子，东郭先生转身回去了。

东郭先生的这三个弟子分别是左野、焦苔和南宫无忌。这三个弟子都是非常听话的，他们在东郭先生走了之后，便上路了，一路上畅通无阻，一走就是几十里路。当他们走到80多里时，前面出现了一条大河，这条河正好横在了他们要行走的前方。

南宫无忌左右观察了一段时间后，他发现了左边离此大概半里路程的地方有一座桥，于是对另两个师兄弟说："在那边有座桥，我们往那边走吧！"

但是，大师兄左野却皱着眉头说："不可以这样啊？老师不是要求我们一直往前走的吗？要是我们走了弯路，那可就违背了老师的意愿了。这只不过是一条小河罢了，没什么可怕的。"说完之后，左野拉起焦苔，焦苔拉起南宫无忌，他们三人互相扶持，一起涉河而过。由于水流相当湍急，他们好几次都险些让河流给冲走，好不容易，他们总算安全地穿过了河。

过河之后，三人继续向着目标前进了，又是几十里路之后，在他们的前方出现了一堵墙，挡住了他们前进的道路。

这一次，南宫无忌再也不听他们的话了，他坚持地说道："我们还是走其他的路吧！这里根本就过不去。"

但是，左野和焦苔却仍然很固执地说："不行，我们要遵循老师的教导，绝不能违背他老人家，因为老师的教导能让我们一直都无往而不胜。"

于是，左野和焦苔猛地朝着墙撞去，只听见"砰、砰"地两声响，两个人都重重地倒在了地上。

这时南宫无忌说话了："只是多走一小段路而已，我们绕过了墙仍然可以再往前走啊！你们为什么不考虑一下，非要往墙上撞呢？"

久久没有说话的焦苔说话了："不，我就算死在这儿也不能违背老师的教导，与其违背师命而偷生，不如遵从师命而死，我也无悔了。"

于是，两个师兄一次又一次地往墙上撞去，南宫无忌想挡也挡不住，就这样，他们两个都撞死在了墙下。

一个小故事，给我们带来的启示却是很大的。当一个人陷入死地的时候，仍然不知道悔改，为什么不能去变通一次呢？这并非意味着你必须全盘放弃你的执着，只要你在意念上做出灵活的修正，使之契合成功之道，那么成功将会为你送上一束鲜花。

有一位很有名的富人，他决定在城里建一座大宅子，地基已经测量好了，唯独有一间民房正好在他的规划之内，这使得整个建筑达不到预期的效果。这间屋子的主人是一个做酒生意的，工地的负责人想高价买下他的房子，但是他说房子是他祖上传下来的，他不同意卖掉。于是，负责人就去找这个富人说明了情况，富人听了以后，平静地说："没关系，可以先建其他三面，这里就先留着吧！应该有办法解决的。"

工程就这样开工了，富人这时却下了一个决定，他让工地的人到这家去买东西，每天所需要的酒和豆腐都到这家去买，而且先付定钱。于是，那家人的生意火了起来，为了能制出更多的酒和豆腐，他们购进了很多原材料，并且招收了更多的员工。可是他们的屋子太小了，再加上他们感激这个富人给他们带来的利益，于是主动搬走了。

是啊，很小的一个办法就能解决的事情，为什么不去想办法解决呢？采取迂回曲折以柔克刚的方法，往往能更容易、更轻松地解决问题。所以，做任何事情都要学会变通，这样我们更能轻松地达到我们想要达到的目的。

■ 不要一条道走到黑

"条条大路通罗马"。生活最重要的，是成功。

人生，就像一个"迷宫"。我们不断地碰壁，不断地摸索，不断地改变，不断地前进，若只让自己堵在一个死胡同里，只会尝到失败的滋味。

生活往往借失败之手，促使人们进行一次次的探索和调整。人生就是一个不断探索的过程，失败有时并不是因为你的能力不够或学识不足，而是因为你选择了错误的目标，或者是虽然你当初选择的目标正确，但后来环境、条件发生了变化。

专家认为，一个人至少要经过两三次变换，才能最后发现适合自己特长的事业和奋斗目标。失败会给人以重新思考的良机，会让你更清醒地认识到自己。

阿西莫夫是一位科学家，同时也是一位自然科学家，一天上午，他坐在打字机前打字的时候，突然意识到："我不能成为一个第一流的科学家，却能成为一个第一流的科普作家。"于是，他转而从事科普创作，最后，成为当代一位百科全书式的杰出人物，他的巨著影响之深是罕见的。

伦琴原来学的是工程科学，后来他在老师的影响下，做了一些物理实验，逐渐体会到这才是自己最喜欢的行业，于是转而从事物理学的研究，最终成为一个有成就的物理学家。

人们的第一份工作并不一定是最理想的，也不一定是最合适的。特别是年轻人刚开始工作时，由于对自身、社会缺乏了解，所以此时的选择可能带有一定的盲目性，我们要学会不断地认识自己，看清自己，使自己不停地随着环境的变化而不断地得到调整。

倘若在一条路上走得毫无指望的时候，不妨重新换一条路走，也许会别有洞天。

美国很有名气的不动产经纪人安德鲁，最初是个葡萄酒推销员。这是他的第一份工作，当时他实在不知道自己除此之外还能干什么，于是他认为自己的目标就是"卖葡萄酒"。

最初，他为一位卖葡萄酒的朋友干活，接着又为一位葡萄酒出口商工作，后来同另外两个人合作办了自己的进口业务。这并不是出自热情，而是如他自己所说："为什么不呢？我过去一直在卖葡萄酒。"

可是，无论安德鲁多么努力，生意还是越来越糟。在此情况下，他仍然想努力挽救败局，直到公司彻底倒闭。

安德鲁开始不愿改行，但是同学的一句话却点醒了他："安德鲁，你的一生不可能只是个卖葡萄酒的。"

安德鲁开始静下心来研究自己。

安德鲁在猛醒之后，开始仔细分析、探索从事其他行业的可能性，检查、审视自己到底想干什么、能干什么。最后，他选择了和夫人一起开展不动产业务。

这种改变给他带来的巨大成功，是他从事推销葡萄酒所永远无法获得的。

当我们发现自己环境不利时，那就试着去换一个地方，千万不要一条路跑到黑。

有些人常这样认为，遇到困难时一定要坚持，只要你不放弃，成功往往会来临。这个看法并没有错，我们也一直鼓励别人不要轻言放弃，但是，这里有一个前提，那就是你的确已选择了一条正确的道路。如果你选择的道路本身就有问题，这样越是坚持，离成功的方向就会越远。

你应该努力去发现自己适合什么样的工作，倘若知道了自己适合的工作，找到了人生的方向，就要尽自己最大的努力，无论遇到什么样的困难都不退缩。

每个人在人生道路上总会碰到许多走不通的路，这时候，就应当换个角度考虑问题，重新选择道路，绝对不要"一条道走到黑，不撞南墙不回头"，甚至"撞到南墙"也不回头。

■ 要懂得曲中求直

在生活中我们经常会看到这样的场景：一场大雪中，松枝上的积雪越来越厚，眼看就要把松枝压断了，就在这时，那富有生气的枝丫向下弯曲，雪从枝头滑落。这样反复地积，反复地落，雪松仍旧完好无损。可其他树的树枝就不懂得在重压下弯曲，以致常常就被积雪压断。有些人为什么在工作中越来越觉得压抑，就是因为没有像雪松一样，把工作上的压力在承受不了的时候，弯曲一下，让它滑落下去。古人说"曲中求直"，偶尔的弯曲并不是向工作认输，反而是为了更好地把工作进行下去。

很多人感到工作没有了激情，以为自己已经山穷水尽了，实际上当停下来的时候，换种方式想问题，就会发现工作的激情还是能够重新焕发出来的，任何人都不会有真正工作不下去的时候，只要在适当的时候弯曲一下。

克利斯朵夫·李维以主演大片《超人》而闻名于国际影坛。然而正当他在好莱坞春风得意之时，一场飞来的横祸改变了他美满幸福的人生。在一场激烈的马术比赛中，他意外地坠马，被摔成了一个残废的人。几乎是转眼之间的事，世人心目中的"超人"和"硬汉"形象化身的他，从此成了一个永远只能固定在轮椅上的高位截瘫者，当他从昏迷中苏醒过来对家人说出的第一句话便是："让我早日解脱吧。"

出院后，对于生活的突然变故，他试着用各种方法去安慰自己，但这都无法平缓他肉体和精神的伤痛。

人生的转机往往都出现在偶然之中。有一次，他的车正穿行在曲折的盘山公路上，他静静地望着窗外的风景，美丽的景色不能再唤起他对生活的激情，他的心依然沉寂在这次灾难的痛苦中。突然，他注意到：每当车子即将行驶到无路的关头，路边都会出现一块交通指示牌："前方转弯"。警示文字赫然在目，而拐过每一道弯之后，前方照例又是一片柳暗花明、豁然开朗的境地，风景可能比原先更好看。山路弯弯，峰回路转，在他面前变换的是一幅幅不同的风景。"前方转弯"的指示牌一次次地出现在他的眼前，也不停叩击着他的心扉，他对现在生活的感悟突然有了一种灵感：原来，不是路已到了尽头，而是该转弯了。他恍然大悟。

从此，他以轮椅代步，根据自己对影视的了解，开始当起了导演。他的改变也改变了他的生活，他首席执导的影片就荣获了金球奖；他还用牙紧咬着笔，开始了艰难的写作，他的第一部书一问世就进入了畅销书排行榜；与此同时，他创立了一所瘫痪病人教育资源中心，并当选为全身瘫痪协会理事长。他还四处奔走，举办演讲会，为残障人的福利事业筹募善款，成了一个著名的社会活动家——他又恢复了原先那种对生活的激情。

克利斯朵夫·李维回顾自己的心路历程时说："以前，我一直以为自己只能做一位演员，没想到今生我还能做导演，当作家，并成了一名慈善大使。原来，不幸降临的时候，并不是路已到了尽头，而是在提醒你：该转弯了！"

学会弯曲是为人的智慧，因为挫折往往是转折，危机同时也是转机；路在脚下，更在心中；心随路转，路随心宽，换一种方式去思考问题也许就会呈现出另一番情景。

庄则栋是我国的乒乓名将，在一次国际的比赛中，他的对手是一个日本人。在此之前，庄则栋曾在三次比赛中都输给了他，这次，要想赢对手，可能性很小。但与往日不同的是，这次比赛涉及与日本的外交，他被更多的人给予关注，周恩来亲自过问。对于这场比赛，就连庄则栋自己也没信心，因为日本人把他的特点都研究透了，比赛必败无疑。

所有的人都以为庄不可能战胜对手，但就在比赛之前的一个小时，容国团的一席话启发了庄则栋："日本人把你的特点都研究透了，那么就不用优点和他打，用你的缺点对付你的对手，他们只会研究你的优点，对你的缺点是一无所知的。"

有了容国团的这番话，庄则栋在比赛中以三比零的绝对优势战胜对手。日本人很是疑惑：就在3个月前还是自己手下的败将，为何现在自己在他面前却变得不堪一击了。

工作中总会有许多限制，当遇到一件无法解决的事时，也许停下脚步，暂时地想一想是否有转弯的空间，或许换种方法，换条路走，事情就会变得简单。

平时生活在深海中的马嘉鱼，每当产卵的时候，就随着海潮游到浅海。渔人捕捉马嘉鱼的方法挺简单：用一个孔目粗疏的竹帘，下端系上铁坠，放入水中，由两只小艇拖着，拦截鱼群。马嘉鱼的个性很强，不爱转弯，即使闯入罗网之中也不会停止。所以一只只陷入竹帘孔中为渔人所获。不光是马嘉鱼，我们人类也不例外，不会转弯往往只能是死路一条。

在职场上，每个人都有自己奋斗的方向和生命坐标，如果奋斗方向错了，就应及时调整，人生坐标定位错了，就要及时更正。如果周围的环境无法改变，那我们就改变自己来适应环境，这不是懦弱的表现，更不是妥协，而是为了更好地实现自身的价值，这也正是古人所谓的"曲中求直"在生活中的最好体现。

第五章　知道放松

生命之舟经不起太多岁月的负荷，要扬帆远航而不中途沉淀，就必须轻装。把心情放松，一切的困惑、痛苦、悲伤都会离我们而去，最终将收获喜悦和成功，如愿到达人生理想的彼岸。

■ 别为外物所累

生活中，人们常怀有这样的一种想法：总是希望自己能够有所得，并且以为自己拥有的东西越多，自己就会越快乐。所以，在这样的意识支配下我们沿着追寻获取的道路走下去。但是，最终有一天我们发现忧郁、无聊、困惑、无奈……一切的不快乐却总是围绕在我们的身边，挥之不去。我们却依然故我，执着于那些我们渴望拥有的东西上，不知不觉中，我们已经着迷于这些事物上了。

譬如说，你爱上了一个人，而他（她）却不爱你，你的世界就微缩在对他（她）的感情上了，他（她）的一举手、一投足，都能吸引你的注意力，都能成为你快乐和痛苦的源泉。有时候，你明明知道那不是你的，却想去强求，或可能出于盲目自信，或过于相信精诚所至、金石为开，结果不断地努力，却遭来不断的挫折。有的靠缘分，有的靠机遇，有的得需要人们能以看山看水的心情来欣赏，不是自己的不强求，无法得到的就放弃。

懂得放弃才有快乐，背着包袱走路总是很辛苦。我们在生活中，时刻都在取与舍中选择，我们又总是渴望着取得，渴望着占有，常常忽略了舍弃，忽略了占有的反面——放弃。懂得了放弃的真意，才能理解"失之东隅，收之桑榆"的妙谛。懂得了放弃的真意，静观万物，体会与世界一样博大的境界，我们自然会懂得适时地有所放弃，这正是我们获得内心平衡，获得快乐的好方法。生活有时会逼迫你，不得不交出权力，不得不放走机遇，甚至不得不抛下爱情。你不可能什么都得到，生活中应该学会放弃。放弃会使你显得豁达豪爽，放弃会使你冷静主动，放弃会让你变得更智慧和更有力量。

生活中，失恋的痛楚、屈辱的仇恨、永无休止的争吵、权力、金钱、名利……这一切都源于自私的欲望，统统都应该放弃，一切恶意的念头，一切固执的观念也都应该放弃。

然而，放弃并非易事，这需要很大的勇气。面对诸多不可为之事，勇于放弃，是明智的选择。只有毫不犹豫地放弃，才能重新轻松投入新的生活，才会有新的发现和转机。生活中缺少不了放弃。大千世界，取之与弃之是相互伴随的，有所弃才有所取。人的一生是放弃和争取的矛盾统一体，潇洒地放弃不必要的名利，执着地追求自己的人生目标。学会放弃，本身就是一种淘汰，一种选择，淘汰掉自己的弱项，选择自己的强项。放弃不是不思进取，恰到好处的放弃，正是为了更好地进取，常言道：退一步，海阔天空。人生短暂，与浩瀚的历史长河相比，世间一切恩恩怨怨，功名利禄皆为短暂的一瞬。福兮祸所伏，祸兮福所倚。得意与失意，在人的一生中只是短短的一瞬。行至水穷处，坐看云起时。古今多少事，都付谈笑中。

一个老人在行驶的火车上，不小心把刚买的新鞋弄掉了一只，周围的人都为他惋惜。不料老人立即把第二只鞋从窗口扔了出去，让人大吃一惊。老人解释道："这一只鞋无论多么昂贵，对我来说也没有用了，如果有谁捡到这一双鞋，说不定还能穿呢！"显然，老人的行为已有了价值判断：与其抱残守缺，不如断然放弃。

我们都有过某种重要的东西失去的时候，且大都在心理上投下了阴影。究其原因，就是我们并没有调整心态去面对失去，没有从心理上承认失去，总是沉湎于已经不存在的东西。事实上，与其为失去的而懊恼，不如正视现实，换一个角度想问题：也许你失去的，正是他人应该得到的。

普希金在一首诗中写道："一切都是暂时的，一切都会消逝；让失去的变为可爱。"有时，失去不一定是忧伤，反而会成为一种美丽；失去不一定是损失，反倒是一种奉献。只要我们抱着积极乐观的心态，失去也会变得可爱。

其实在时下这个喧嚣的社会里，有太多的虚名浮利并不值得追逐，而往往有许多无聊的人参与到这样无休止的评奖和争论中去，发表一些自以为是的观点，可结果呢，也许一辈子也没有结果。更重要的是，这样做对你毫无意义，对你的人生也没有任何助益。千万不要自以为是，殊不知"公说公有理，婆说婆有理"。给心灵一个独处的空间吧！

■ 放下你的面子

　　虚荣心是人们普遍存在的一种心理现象。因为我们总是渴望得到别人的承认，得到别人的认可以及希望获得更多的掌声。所以，我们也就有了虚荣心。有一点虚荣也无可非议，但是如果为了虚荣而生存，就有点可悲了。因为虚荣心太强，就会让我们的内心发生扭曲，不能脚踏实地，从而成为阻碍我们成功的一种障碍。

　　如果你把太多的时间用在如何获得别人认可，如何得到别人的肯定，而不是用在工作上，那么你就不可能取得很好的成果。而且，如果长久地生活在别人的眼里，而不是做一个真正的自我，那么你也会慢慢失去自己、迷失自己。当然，别人赞美、表扬以及掌声会让我们感觉很舒服，获取别人的承认可以使我们得到心理上的满足。但是，如果这种现象成为一种必需而不是渴望之时，就成为爱慕虚荣的一种表现了。

　　你渴望得到别人的赞美，一旦获得了这种认可，你就会很有成就感。但是，如果一味让自己陷入这种感觉之中而不能自拔的话，一旦得不到它，就会让你感到失落，这时，自暴自弃的因素就会潜入到我们的头脑中来。而由于你过于在乎自己在别人心目中的形象，也会让自己的人生方向发生迷失。无论做什么，你都会先用别人的眼光来衡量，你不再是为了自己而活，而是为了别人的喜怒哀乐而活。你甚至会为了讨好别人而放弃自己的准则。这样，你只会成为一个没有思想的玩偶。

如果你希望自己获得成功，获得幸福，那么你就必须走出别人的影子，做回自己。虚荣心会像藤条一样紧紧把你缠绕起来，过度的爱慕虚荣，会成为一种自欺欺人，也会让自己渐渐失去别人的信任。但是，虚荣心是我们人类的一种恶习，想要根除，是很困难的。如果想从根本上解决这个问题，不是如何破坏它，而是如何改善它，通过一种正确的引导，使其向着正确的方向发展。当然，如果虚荣心控制在一定的范围之内，对我们还是有利的，它会刺激我们不断前进，让我们不断地改善自己、完美自己，也会给我们的生活增添一抹色彩。但是切不可让其膨胀成为我们内心的主宰，那样我们只能自食其果。

那么，我们又该如何来克服虚荣呢？

第一，提高自我认识。克服虚荣的最好办法就是对自身的状况有一个正确的认识。一个人如果能够认清自身的优点和缺点，就能够正确地评价自己。这样就不会因为自己的弱项而自卑，也不会一味夸大自我形象。老子说过"自知者明"，因此认清自己也可以让我们打破个人崇拜，更好地面对生活。

第二，做到自尊自重。自尊自重是一个人最基本的素质。一个懂得自尊的人也自然会赢得别人的尊重。如果你所有的一切不是建立在自尊自重的基础上，而是建立在欺骗上，或许一时会赢得别人的掌声，但是万一鬼把戏被人揭穿，就会遭到别人的厌恶。我们要学会珍惜自己的人格，只有这样，才不会让虚荣心抬头。

第三，正确对待别人的评论。每个人都不可能独立地存在，我们生活在一个群体中，自己的一举一动也会影响到别人。别人也会对我们的行动产生一定的反应。我们要正确对待这些反应，不能让它左右我们的生活，也不能对其完全置之不理。有些评论是中肯的，这时我们就应该虚心地接受，以便改进自己，提升自己。而有些评论可能就失之偏颇了，这时我们就应该正确认识自己，而不能被那些言过其实的奉承话冲昏了头脑，不知道自己吃几碗干饭。

爱慕虚荣的人总希望自己可以得到别人的赞美，因此也就会让自己去刻意地讨好别人。但是，没有一个人会得到所有人的赞美，如果你只在乎别人对你的评价，就会失去了自己。如果你能够学会坦然面对周围的言论，那么在人格上也就会变得更加成熟了。

第四，克服盲目攀比心理。虚荣的另一个表现就是处处与人攀比，如果自己可以比别人高出一等，就会感觉特别优越；如果自己不如别人，就会感觉很没面子，自尊心也会受到极大的打击。其实，任何人都不是完美无缺的，有自己的长处，也有自己的弱项。有的人更加健壮；有的人家境很好，有的人则工作更加出色。所以，不必希望自己在任何方面都领先于别人。只要你能充分发挥好自己的长项，就可以在自己的领域里做出出色的业绩。而如果你争强好胜，可能处处做不好，最后落得个一败涂地。所以，学会正确地看待自己，用一颗平常心来对待一切。

■ 别让自己活得太累

有一个富人，家财万贯，妻妾成群，但是总感觉自己不快乐。每天，不是担心这个，就是担心那个。今天大老婆和二老婆吵起来了，后天，两个儿子又打起来了，这让他非常烦恼。

一天，他来到庙中，向高僧请教。高僧问他："你的钱财都用来做什么？"他答道："吃尽人间美味，喝尽天下美酒，买尽天下奇珍异宝。"

"那你应该感到快乐才对啊！"

"可事实恰恰相反。吃尽天下美味，所以才尝不出什么味道；喝尽人间美酒，所以才觉得喝什么都像白开水；买尽天下珍宝，却整天提心吊胆，害怕有一天会被贼人偷去。我哪有一点快乐呀！"

老和尚笑笑："我带你去个地方，也许在这儿你会快乐！"

富人一听，立刻高兴起来，跟随老和尚来到一个很偏僻的院落。院落很小，但十分优雅，院中栽满了各种鲜花和翠竹。老和尚对他说："你就在这儿住吧！屋子里有一些书，闷了可以读一读。但愿在这儿，你能找到幸福。"

富人心中奇怪，心想："这儿哪有什么幸福啊，让我去哪里找呢？"但他还是听从了老和尚的话，在这儿住了下来。每天无事，便在这里看看书，侍弄一下花草，出去散散步。再也不会听到令人心烦的吵闹声了，也不会成天为那些宝贝提心吊胆了。

日子飞快地过去。一个月之后，老和尚又来看他，问他感觉如何。他对老和尚深施一礼，说道："多谢高僧指点，我明白了。我之所以不快乐，就是因为我拥有的太多，所以终日被俗世所累。住在这里，虽然不再有什么锦衣玉食，却让我放下俗世的负担，每天下下棋，赏赏景，侍弄一下花草，日子过得逍遥自在。生活就应该是简简单单的，这样心里才不会有太多的负担，也就过得快乐了。"

老和尚笑了笑："你明白了！"

富人下了山，把所有的家财散尽，然后跟老和尚修炼去了。

你之所以不快乐，就是因为你有太多的东西放不下，我们总是认为拥有的越多越快乐，可到头来却被俗世缠身，不能解脱。我们一生都在争名夺利，最后才发现自己居然沦为名利的奴隶。

小孩子很快乐，那是因为他们单纯、天真，他们的生活永远都是单一的色调，但是他们却总是最快乐。所以，我们要学会简单地生活。但这并非让你不思进取、安于现状，只是让你不要被名利所俘获。

愚蠢的人，总是在不断地疯狂占有东西，而聪明的人，却知道在占用之后让自己停下来，慢慢享受。所以，不要总是急着赶路，否则就会错过优美的风光。不妨让自己边走边看，必要时卸下肩头的负担，毕竟平淡才是生活的主色彩，而一个人也只有学会简单地生活，才会让自己过得更加轻松。

■ 自己释放压力

有一位公司经理，他事业有成，家庭幸福，可他就是不快乐，因为他总是觉得有很大的压力，这种压力让他精神紧张，睡眠成了最严重的问题。有一次他吃了安眠药后仍然睡不着，只好起床打开电脑继续白天的工作。

最可怕的是，他早上从家开车一个小时到公司，直到坐到办公室位子上，却想不起自己究竟是如何把车开到公司的，途经什么路线更是忘得干干净净。他的脑子里一片空白。

同时，他患有严重的多疑症和自大症。他平时对员工和和气气，但是如果员工不小心说错了话、办错了事，他就会疑心是在抨击他，便会马上对其进行一番责骂，使其颜面扫地。有一次，一个员工向他提了一个建议，他就以为对方是在向他挑衅，便马上对其当面指责，言辞与平时判若两人，像发了疯一样，声嘶力竭地吼叫。

最后，他不得不放弃工作，接受心理医生的治疗。心理医生对他的诊断是，由于工作压力过大，导致了精神失常。

压力过大不仅是领导阶层出现的现象，作为职场最底层的员工也是压力重重。他们不仅要承担繁重的工作任务，还要协调好各种关系，拼命地工作以保住饭碗。因此，他们有来自于工作任务的压力，有来自于领导施加的压力，有来自家庭生存和稳定的压力，有来自社会舆论的压力，还有来自自我认可的压力。

压力，压力，压力已经如同洪水泛滥，遍布整个职场，它毫不留情地向每个人袭来，直接威胁职场人的健康。

人们在满足了物质的基本所需后，对精神层次的追求就会逐渐提高，在这个过程中便产生了精神得不到满足而引发的心理疾病，这就是压力。

过重的压力，让人们的身心开始无法承受，于是便产生了下列问题：紧张、焦虑、烦躁、情绪低落、记忆力下降、反应能力迟钝。甚至有时还出现了严重的征兆：头痛、头晕、食欲不振、身体乏力、腹胀、便秘、腹泻、血压升高等等。

芝加哥西北铁路公司前总裁罗兰·威廉姆斯是个典型的工作狂，他每天埋头工作，处理没完没了的计划、报告。人们很少看到他的笑脸，每天他都是一副紧皱眉头的痛苦样子。

很快，他的心脏出现了问题，他来到一家医院咨询自己的病情。

他告诉医生自己觉得很累，但是又无法让自己停下来好好休息。他说，在他的办公室有3张大桌子，每天这些桌子上都堆满了需要处理的文件，所以他必须让自己时刻保持忙碌，以使公司正常运转，可是尽管他已经很忙碌，还是感觉工作多得永远无法做完。

医生告诉他：清理办公桌，然后每天处理当天的工作即可，明天的事自然要等到明天去做。回去后，他按照医生的吩咐去做，果然，不久，他就开始感到自己的压力小了很多，而他的公司还照样运转。

没过多久，罗兰·威廉姆斯就完全恢复了健康，笑容也开始在他脸上显现。最后，他深有感触地说："工作永远都做不完，但是记住只要做好当天的工作即可，一个人的承受能力有限，不要指望自己在短时间内完成所有的工作。"

媒体有过一个关于白领阶层健康状况的调查，结果显示：白领患有办公室综合征的人越来越多，沉重的工作压力让他们身心都出现了问题。有的患者有严重的头痛、失眠、多梦的症状，有的患有颈椎疼痛、胃病等。

压力正在逐渐吞噬着白领们的身心健康，他们处于职业竞争空前激烈的年代，在人才多如牛毛的职场中他们拼命地维护着属于自己的一席之地，同时，压力也就随之而来。他们容易疲劳，记忆力减退，心情烦躁，一到办公室就感觉厌烦，打不起精神。有关专家表示，这种状况除了跟过大的精神压力有关外，还跟写字楼里密闭的工作环境有关。白领们由于整天在室内工作，很少外出活动，因而很难呼吸到新鲜的空气，以缓解大脑的疲劳和神经的紧张，时间一长，自然就会产生心理上的病症。

因此，如何驾驭工作压力这匹烈马便成了一个人事业成败的关键所在，我们首先要知道产生压力的根源。

产生压力的原因除了紧张而繁重的工作外，还有来自人际关系上的紧张以及对前途的迷茫。对待工作，我们要懂得让自己保持弹性，懂得劳逸结合，要尽力而为，而不是透支自己的健康。

失败的时候不气馁，要知道失败乃人生常事，没有失败的人生是不完美的人生；对待不完美的人际关系要懂得让自己保持一颗平常心，不以物喜，不以己悲，要随时原谅伤害你的人，并学会调节自己的情绪，让自己保持平和的心态。比如，你被老板批评了之后，不要急着与其理论，而要学会忍耐，实在无法压抑胸中之气时，可以找个地方大声吼上几声，就像平时他对你那样。这样既避免了正面冲突，也调节了自己的心情。但是切忌一味压抑，产生巨大的精神压力，影响了工作和生活。

你还可以采取以下这些方法消除压力：找个朋友倾诉、外出旅游、爬山、看一场电影、读一本书、主动帮助别人……

有了压力，切忌一味压抑自己，将不良情绪憋在心里，这样天长日久势必影响到自己的身心健康。要学着释放压力，让自己紧张的身心得到充分的休息，调整身心，准备下一次的冲刺。

我们都不是圣人，也不是神仙，我们是平凡而简单的肉体凡身，于是我们便有了种种烦恼和随之而来的压力。压力不是我们所渴望拥有的，但是要明白人生没有压力是不可能的，正如没有月缺的月亮是不存在的一样。压力对人产生负面影响，但在某种程度上也能敦促我们坚持不懈地向前。关键就看你如何对待。

变压力为动力才是去除压力的最好办法。

第六章　简单做事

　　简单生活就是快乐生活，简单是一种平淡，却不是枯燥；简单是一种平凡，却不是平庸；简单是一种原汁原味的美。简单做人，洒脱自在。简单生活，逍遥一生。要得到内心的那份坦然和快乐，就要做一个简单的人，率性而为，永远保持着纯真和童心。

■ 不要把事情想复杂

莎士比亚曾这样说过："好与坏无从区别，那是由于每个人的想法使然。"林肯有一次也这样说过："大多数人所获得的快乐，跟他意念所想到的相差不多。"

阿明三兄弟住在一个偏僻的小山村里，日子过得极为清贫而艰苦。一天，大哥让阿明到村子里面的杂货店去买油。家里面实在找不出其他的盛油容器了，大哥只好把一个大碗交给阿明。出发前，大哥再三地告诫他："走路不要分神，要是把碗打破了，今天就不准吃饭。"油买好之后，阿明一想起大哥的警告就更加不敢有丝毫的怠慢，两眼紧盯着那碗，生怕油从里面洒出来了。可是愈想愈紧张，手也开始不听使唤地抖起来了……"哗啦"一声响，碗掉在地上摔得粉碎，油也全部洒光了。大哥虽然很恼火，可除了狠狠地数落了他一顿，还是让他吃饭了。只是阿明自己很沮丧，人也无精打采的。

二哥知道原委后，对阿明说："你再去买一次油。这次你在回来的路上，多看看路边上的那些山药是否开化了，回来后告诉我。"阿明很快又买好油，在回家的途中，他不时地看着路两边盛开的山药花，红的、绿的、粉的，这些原本常见的东西此刻看来是那样得美啊！不知不觉间他就回到了家，这次碗里的油满满的，一滴也没有洒。

阿明的经历告诉我们，工作和快乐并没有冲突。真正懂得生活的人，是那些善于在工作中寻找人生乐趣的人。

生活中，或许大家都有过类似的经历，那些生活中常见的一些事情因为只是觉得很正常而忽略过去了。殊不知，这些微不足道的小事却隐藏着深刻的道理。那些看似宏伟的事业，也常常是依靠这些实实在在的、微不足道的、一步步的积累，才最终获得成功。

那些成就非凡的大家总是于细微之处用心、于细微之处着力，这样日积月累才取得了惊人的成绩。生活中，有些人常常梦想一举成名，实际上这是根本不可能的。那些真正成大事者，都是善于化整为零，从大处着眼，从小处入手的，他们会用一种积极的心态投入到那些在别人看来似乎琐碎的事情当中去。

在工作和生活当中，我们所做的每一件事情都必定有自己的目标，而达到目标的关键就在于把目标具体化。就像每一块砖瓦尽管显得那么无足轻重，但一座雄伟的建筑物就是由这一砖一瓦砌成的。同样的道理，每一个成功者的人生也是由无数个看上去微不足道的小方面构成的。所以，我们必须时刻提醒自己，你如果想获得成功，就要怀着快乐的心态去做那些看似琐碎的事情。哪怕在别人眼里那只是一份普通的、卑微的工作，你也乐于从事它，也要尽力将它做得更好、更完美。

■ 别把生活搞得太复杂

都市的生活，充满了喧嚣。在整日的忙碌和操劳中，我们渐渐迷失了自己。我们听见各种各样的声音，却忘了聆听来自内心深处的声音。

一个人，只有回到自己的心灵深处，才能在那里找到企盼已久的平安。除了追求生活的目标外，生命的意义更值得追寻。如果总是处于喧闹的人群中，就不会听到自己的脚步声。只有远离生活，才能让我们重新认识到自我的存在，才能让自己回归原点。对功名利禄看得平淡些，不为之倾心、不为其左右，保持独立思考、独立创造的自由，就能排除干扰、专心向着自己的目标去耕耘。可见淡泊方可明智，清淡才有所作为，这是成功的一条法则。若经常保持心灵的一份平静，这实际上是生命机体健康、精神状态良好的表现。

梭罗为了写一本书，曾经远离喧嚣的人群而在大森林中过了两年的隐士生活，摆脱了一切剥夺他时间的琐事俗务，在大自然的宁静中去寻找灵感。林间湖上优美的景色和他的内心产生了共鸣，使他的灵感源源不断，最终写成了《湖滨散记》。

我们总是叹息生活的忙乱和负担的沉重。其实有许多东西原本是可以放开的，只是我们无法拒绝内心那份虚荣和贪婪，所以，欲望吞噬了我们。拥有的东西越来越多，活得却越来越累。

　　人生最大的财富，是可以找到自己的快乐。而快乐并不是以占有量为标准来衡量的，所以，我们没有必要对名利那么执着，最重要的是让心灵得到宁静。

　　人生如水，平淡永远都是主色彩，偶尔也会泛起一些美丽的涟漪。只有安享内心的那份宁静，你才可以真正体会到生活的快乐！

■ 寻找快乐

快乐和痛苦都是心中的一种感受。同一种事，从不同的角度去看，就会有不同的感受。一个人是否快乐，不在于他的处境，而是在于他是否有一颗快乐的心。

快乐很简单，快乐也很难。快乐简单是因为它无处不在，快乐很难是因为它用任何的金银珠宝都买不到。

有时，快乐就是朋友一声温暖的祝福；有时快乐就是恋人手中的一束鲜花；有时快乐可以是一杯幽香的清茶，或者是树上轻轻飘下的一片树叶。

对于乐观的人来说，快乐是无处不在的；而对于悲观的人来讲，它却像天上的星星那样遥不可及。快乐永远都属于那些心胸开阔的人，也总是远离那些斤斤计较的人。

我们可以得到快乐，也可以制造快乐。一个关怀的眼神、一个小小的拥抱、一份甜甜的微笑，都可以让人快乐。

有一个人，事业上也算得上是有所成就了，拥有自己的公司，手下有一大批的员工，但是每天心事重重。他不知道自己在担心些什么，只是觉得生活很没意思。他是白手起家，当初一无所有，但是凭着自己的勤劳和智慧开创了事业。创业的过程是艰难的，那时他们常常要为一个订单而跑上七八趟，直到脚上起满了泡，有时一笔小小的生意都会让他们惊喜不已。他经常会想起当初与妻子风雨共度的日子，那时他们总会互相关爱，把最好的东西留给对方。后来，日子慢慢好了起来，但那种快乐却没有了。他与妻子的感情依然很好，生活也过得非常惬意，但总感觉自己少了些什么，妻子也有相同的感受。

一天，他去找一个朋友。朋友是个医生，在一家医院工作。他把自己的烦恼告诉了朋友。这个朋友也是研究过心理学的，所以很明白他的处境。朋友对他说："这样吧，我这儿挺忙的，缺人手，你有空的话可不可以过来帮帮忙？帮我照顾一下这些病人，但是没有工资。"这个人一听，自己反正也没事，于是就答应了下来。

星期天一大早，他就开始了工作，虽然只是些琐碎的小事情，但他干得不亦乐乎。一天下来，问他怎样，他只说了句"挺好的"。过了一周，他又过来了，又整整忙了一天。说也奇怪，自从来到这所医院帮忙之后，他觉得自己一下子充实起来，对生活也更加热爱。

他把自己的感觉告诉了朋友。朋友回答说："生命的快乐，就在于助人。你去帮助了别人，给别人送去了关怀和温暖，别人也会对你表示衷心的感谢，而别人的感谢也给了你温暖，所以你自然也就快乐起来了。"

他恍然大悟。回家之后，他把这番话告诉了妻子，妻子也明白了这个道理。于是，每到周末，他们总会来医院无偿帮助那些病人。妻子心细，还自己掏钱买了好多鲜花送给那些病人，而那些病人一声声感谢，还有满脸的感激，也让他们感到了助人的快乐。

快乐的秘诀就是：你要懂得付出。人人都付出自己的一份关怀、一声问候，那么就会让世界变得更加温暖。

快乐是心与心的摩擦，所以你必须要懂得付出。而你的付出也必然会得到回报。所以，快乐永远都会属于那些献出自己爱心的人。想要寻找快乐，就让我们一起上路，让我们互相温暖、互相关怀，让我们用爱将快乐点燃！

■ 简单做人是一种智慧

简单应该成为我们每一个人的生活准则。因为在人生道路上，唯有奉行简单的准则，我们才有可能避免误入歧途。

"如无必要，勿增实体"，这是14世纪英格兰圣方济各会修士奥卡姆·威廉的格言。他认为："世界上只存在一个确实存在的东西，凡干扰这一具体存在的空洞的普遍性概念都是无用的累赘和废话，应当一律取消。"他的这一似乎偏激独断的思维方式，后来被人们称为"奥卡姆剃刀"。

奥卡姆剃刀的根本出发点就是一句话：把所有的烦琐累赘一刀砍掉，让事情保持简单！在他看来，对于同一现象最简单的解释往往比复杂的解释更正确；对于两个类似的方案，其中最简单的、需要最少假设的解释最有可能是最正确的，因为大自然不屑做任何多余的事。

事实证明，"奥卡姆剃刀"也是这世界上最公平的一把剃刀。无论是谁，只要他有勇气和智慧拿起这把剃刀，他就是一个成功的人。伽利略、牛顿、爱因斯坦等世界上最伟大的科学家都是在这把剃刀出鞘以后，努力地"削"去理论或客观事实上的累赘，从而"剃"出了精练得无法再精练的科学结论。他们的成功之路都是首先使用奥卡姆剃刀将复杂的对象剃成最简单的对象，把最复杂的事情化为最简单的定论，然后再着手问题的解决。

经过数百年的岁月，奥卡姆剃刀已被历史磨得越来越锋利了，它早已超越了原来狭窄的领域，具有了更广泛、丰富和深刻的意义。

Drugstore.com是一家美国著名的网上杂货店，他们就曾经成功地运用了这把"剃刀"。为了使人们更加适应网上购物这一新鲜事物，他们刻意拍摄了一则广告向消费者传达这样的信息：网上购物更可以为顾客节省宝贵的时间。广告中，身穿白色制服的杂货店"服务小队"成员甚至可以从壁炉中钻出，或像蜘蛛侠一样从天而降，为顾客及时递送日常生活用品。此广告完全突出了"时间"的主题，这中间没有一点无用的废话，而且故事精彩，引起了观众强烈的共鸣，从而赚大钱。

同样，通用电气公司的杰克·韦尔奇也是深得威廉的真传。在他看来：管理越少，公司情况越好。1981年，杰克·韦尔奇出任通用电气公司的总裁，他就是运用这把锐利的剃刀剪去了通用电气身上背负了很久的官僚习气，使通用能够轻装上阵，并且取得了巨大的成功：简化管理部门；加强上下级沟通，变管理为激励、引导；要求公司所有的关键决策者了解所有同样关键的实际情况……在韦尔奇神奇剃刀的剪裁下，通用保持了连续20年的辉煌战绩。

现在，你是否也对这把刀产生了强烈的兴趣呢？不要以为"奥卡姆剃刀"只是放在天才的身边，其实，它无处不在，只是有待人们把它拿在手中，并且运用它罢了。只要我们勇敢地拿起"奥卡姆剃刀"，把复杂事情简单化，你就会发现人生其实很简单，成功其实离你也并不遥远。

第七章 智慧做人

　　智慧的人懂得谦虚、智慧的人心胸开阔，智慧的人会变通，因此，智者在人际关系上如鱼得水，在事业发展上一帆风顺、如日中天，在经济上财源滚滚、收入丰厚，在家庭上婚姻美满、爱情甜蜜。

■ 懂得以退为进

生活中，我们需要有进有退。一味冒进，就会让自己完全暴露，使自己处于不利地位。而退一步，则可以让我们养精蓄锐，静观形势，以便俟机而动。进退之道，是一种处世的哲学，只有学会进退之道，才能在处理各种关系时游刃有余。

汉朝开国功臣中武有韩信，文有萧何，但两人的命运却完全不同。韩信被吕后害死，而萧何则明哲保身。韩信之所以会落得如此下场，就是因为他不懂得进退之道，不懂得隐藏自己，保护自己。而萧何功不及韩信，却能在汉朝的政治斗争中毫发无损，就是因为他懂得何时该进，何时该退。

萧何在刘邦任泗水亭长时就与其相识，且是同乡，所以两人关系极为亲密，后刘邦起义后，他便一直跟随左右。楚汉相争之时，刘邦离开关东与项羽进行了长达四年的战争，当时萧何一直留在汉中替刘邦镇守根本之地。由于萧何治理有方，汉中大定，百姓拥护。

汉三年，楚汉两军在荥阳展开激战，但此时刘邦却三番五次派使臣返回关中慰问萧何。萧何对此并未在意，而门客鲍生警告萧何说："现今汉王领兵在外，但却几次三番派人前来，定是对您起了疑心。为了免生祸端，不如在亲族中挑选年轻力壮的让其前方助阵，皇上心中一定很高兴，也可打消他的疑虑。"

萧何一听猛然醒悟，于是便依计而行。他派了许多兄弟子侄押了粮草到前方随刘邦作战，刘邦果然高兴，对他的疑虑也就消了。

汉十年，刘邦北征陈稀，韩信欲起兵谋反，吕后便在萧何的帮助下擒杀了韩信。刘邦拜他为相，并赐他五百人的卫队，众臣闻讯纷纷前来道贺。而此时召平却提醒他说："韩信欲反，主上又生疑心。今给你封赏不是宠公而是疑公，你只有让封勿受并以家财充军需方可自保。"萧何点头称是，于是便只受相国衔，让还封邑并以家财佐军，这才打消了刘邦的疑虑。

汉十一年，刘邦又带兵平定叛乱，留下萧何驻守长安。萧何仍全力抚慰百姓，安定民心。这时又有人提醒他说："公位至相国，功居第一，无法再加，且如此勤劳，深得民心，乃是众望所归。主上多次派人回来打听你的动向肯定是起了疑心。你若求自保，只能自毁声誉了，否则定离灭族不远。"萧何一听，便依计而行，最终又化解了这场灾难。

而韩信则相反。韩信率兵伐齐之时，斩了齐王田广，占领了齐国，不光扩大了自己的疆域，也壮大了自己的势力。这时他已拥兵十万，成为举足轻重的人物。当时刘邦与项羽激战正酣，但他却派使者求封自己为齐地假王。刘邦听后大怒，自己战事吃紧他不但不来相助反而趁机要挟想当齐王。他正想大骂韩信的使者，却被张良使了个眼色制止了。张良对刘邦说此时切不可得罪韩信，否则韩信一旦归顺项羽，他的前程便毁于一旦。现在韩信只不过是想试一下他的态度，不如顺水推舟让他做齐王，待灭楚之后再去对付他。刘邦一听有理，于是便压下了怒火，对使臣说："要当就当真王，何必当假王！"然后派张良带上印信，封韩信为齐王。但从此刘邦便认为韩信野心太大而且为人阴毒，欲将其铲除。

刘邦在韩信等人的帮助下打下江山称帝之后，为消除后患便下诏捉拿项羽的散兵败将。项羽的部将钟离昧与韩信同乡且交往甚密，于是便在走投无路的情况下投奔韩信。韩信将其收留。但不久事情泄露出去，刘邦认为韩信欲勾结钟离昧谋反，便命他速把钟离昧押解回京。韩信不忍把锺离昧交出去，便矢口否认钟离昧在他那里。

刘邦大怒，准备下令捉拿韩信，但此却被陈平制止了。陈平说："陛下的兵不精将不勇，若兴师动众，出兵讨伐，韩信就算没有造反之心也被陛下逼反了。"刘邦一听有理，于是便平息了怒火。陈平又献计让刘邦佯称出游，此时韩信必当前来谒见，到时再趁机捉拿韩信。刘邦依计行事。

此时韩信得知刘邦出游，虽心中有疑虑但不去迎驾又恐失礼，去又怕会遭不测。属下见状便建议他将钟离昧献出。钟离昧得知情形后便劝韩信与他一起联合抗汉，却遭到韩信拒绝，于是便大骂韩信，然后拔剑自刎。

韩信见钟离昧已死，便割下他的头呈献刘邦，谁知刘邦一见韩信便不由分说将他拿下。韩信此时才明白，感慨地叹道："果如人言。狡兔死，走狗烹；飞鸟尽，良弓藏；敌国破，谋臣亡。天下已定，我固当烹。"

但后来，刘邦念韩信功大于过且证据不足，便将其释放，夺去其兵权，将其由楚王降为淮阴侯，并将其困居于都城，严加监控。

韩信不满现状，便与国相陈稀商议谋反。陈稀起兵后，韩信准备在内部接应，袭皇宫捉拿吕后及太子。谁知事情败露，吕后得知消息之后便与萧何商量对策。萧何献计说可以佯称陛下已平定叛乱，这样诸臣必来朝祝贺，韩信自然也会前来，到时便可将其擒住。商议完毕二人便分头行动。

高祖平定叛乱的消息传出之后，群臣果然纷来庆贺，唯独韩信称病不往。萧何以探病为由，到韩信府上，说群臣皆入朝祝贺唯他没去，到时皇上必定怪罪。韩信无法，只得入朝。谁知他刚入朝门便被擒下，最后以谋反之罪被处斩。

佛语云：回头是岸。就是以退为进的意思。古来的先贤圣杰，从官场之中退居后方，是为了再待时机以图东山再起；有些能人义士隐居山林，是为了等待圣明仁君。退，不是软弱，而是一种生存的智慧。

■学会与人相处的技巧

在生活中，我们会发现有些人的"人缘"总是特别好，而有些人却总是"孤家寡人"。在任何一个社会，人际关系对我们自身的发展都有着非常重要的作用。因为一个人的力量毕竟是有限的，"众人拾柴火焰高"，只有集合大家的力量才有可能取得大的成就。而在现代社会，这一点就更加重要了。因为随着科学技术的发展以及交通设施的进步，人类交往的范围已大大扩大，一个有良好人际关系的人无论在生活还是在工作中都会更加得心应手。

所以，如何与人交往已成为一门艺术。如何才能扩展人脉，赢得友谊呢？以下法则可能会对你有帮助。

一、避免争论

与人相处，要尽量避免与人争论。卡耐基说过，十有八九，争论的结果会使双方比以前更相信自己是绝对正确的。你赢不了争论。要是输了，当然你就输了。如果赢了，你照样还是输了。为什么？道理很简单：如果你的胜利，使对方的论点被攻击得千疮百孔，他被证明一无是处，那么，尽管你会因此而洋洋自得，但他也会因此而自形惭秽，也会怨恨你的胜利，因为你伤了他的自尊。

二、不要树敌

避免树敌的第一要领，就是承认自己也会弄错。没有人不会犯错误，如果你明知错了却不肯承认，只会让自己在错误的道路上越走越远。而学会承认错误，不但会将失误减少到最小，还会让别人看到我们的真诚，以赢得对方的原谅，从而避免树敌。

但是，如果错的是对方呢？这时，也不要正面反驳别人的错误，那样会让他很难堪，而是应该委婉地指出他的错误。如果你与别人据理力争，反而会产生相反的效果，而且会使他从内心对你产生一种反感，就算最后你胜利了，也会让自己多了一个敌人。因此，试着温和地、艺术地让别人接受我们的意见。

三、与人为善

与人为善，就是学会善待别人。最重要的就是让自己的心中充满爱。一个心中充满爱心的人总会让人感觉很热诚、很温暖，因此也就更加愿意与之相处，因此他们也总是很容易就可以赢得别人的友谊。

有些人脾气暴躁，这一点是一定要克服的，因为你的坏脾气会让很多人对你敬而远之。再就是要注意自己的言谈举止。我们的一举一动都会在无意中向外界透露我们自身的信息。如果你举止优雅，就会让别人感觉你很有教养。我们总会有这样的感觉，那些受过高等教育的人，哪怕穿着很普通的衣服也会给人一种不一样的感觉，他们的身上会有一种很特别的气质，而这些气质就是通过他们的举手投足反映出来的。粗鲁的举止会让人感觉你对别人不尊重。

四、学会倾听

倾听，是一门艺术。从倾听中，你可以了解到更多的信息，也可以更容易发现别人的破绽。而且，人们都有一种表达自己的愿望，因为感情聚积在心头久了，就必须要发泄出来。这时，我们就会从心理上渴望得到别人的倾听。如果你是一个会倾听的人，那么别人有什么事首先就会想到你，或许不是为了得到你的建议，只是希望得到你的倾听，久而久之，他就会对你产生一种信任。

五、学会从对方的角度来看待问题

同一个问题，所处的角度不同，得到的结论也就不同。当我们与对方意见不一致时，应该学会换位思考。

别人之所以会有那样的想法，是因为他与你所处的环境不同，观察问题的角度也不相同。如果你可以设身处地地站在他的立场看问题，也许就会得出不同的结论。这样，许多原本尖锐的问题很可能就会迎刃而解了。

在我们的生活中做到这点，人与人之间就会多一份谅解，相处起来也就会容易得多了。而学会体谅别人，也会让我们更容易赢得别人的友谊。

六、富有同情心

一位心理学家说："所有的人都渴望得到同情。小孩子急于展示他的伤口，或者甚至把小伤口弄大，以求获得更多的同情。大人为了同样的目的会展示他们的伤痕，叙述他们的意外、病疼或者外科手术的细节。从某种观点来看，为真实或想象的不幸而自怜，实际上是一种世界性的现象。"

所以，你要学会让自己拥有一颗同情心。当你与别人的意见相悖时，或许可以这样说："我并不奇怪你会有这种想法，如果我是你，肯定也会这样做的。"这时，他强硬的态度很可能就会软下来。

向别人表示你的同情，也就等于在表示你对他们的关心。而一个会关心别人的人，总会很容易得到别人的信任。

七、让对方觉得良好的动机是他们自己的

我们可能很难接受别人的意见，但却很容易接受自己的意见。别人也是如此。所以，当你与对方意见不同时，可以通过巧妙的方式让他得出与你相同的结论。这样，他会以为想法是出自他自己，这样就会在无形中让他接受你的意见。

八、让他人产生高贵的动机

让他产生高贵的动机就是要让他人觉得自己是诚实、正直和公正的。

比如，你遭到一群记者的围攻，他们对你的私人生活十分感兴趣，但这又是你极力想掩饰的。如果你说："对不起，这是我的私事，无可奉告。"就会让人感觉很生硬，让别人心里很不舒服。而如果你换种说法："对不起，如果我把这件事说出来，很可能会伤害到一个无辜的人。我想大家都很善良，不希望让别人受到伤害，所以，就让我们把它永远当成一个秘密吧。"这样，他们显然就不会再继续追问了，除非是非常不知趣的人。

所以，如果你希望别人可以接受你的思维方式，就试着让他们产生高贵的动机。

■ 恭维也需要技巧

在人际关系中，最能表现心理的语言是赞美之辞。在与人交流的过程中，我们都希望得到别人的肯定和赞扬，赞美扮演着很重要的角色，它是心理上的一种润滑剂。但是有时候刻意堆砌的一些过分的恭维，就会适得其反，不但让听者感觉尴尬，更让人怀疑暗藏企图。

若是相互都是很随便的关系，当然不需要太多赞美的话语；在亲密的伙伴中，突然地说出很多恭维的话，也会让双方都有点不适应。有时候过度的赞美还能让人误解为嫉妒、敌意、轻视或戒心等反向表现。

过度的恭维让人听了肉麻，真意可以和表面言词大相径庭，它可能表示轻视也可能出自嫉妒。常言说：语言是衡量沟通双方心理距离的尺度，尤其是那些令人见外的敬语，不仅会在无意中将彼此的距离拉开，更具有防范他人侵犯的功能。

当人们说某地区的人说话很客气，这只是其中的一面；另外的一面往往也说明了这个地区的人有强烈的排外意识。因此，日本人给人的印象是很有礼貌，而从反方面看，即表示日本人不容易与外人融洽相处，所以给人冷淡多礼的表现。

我们的经验告诉我们，双方在比较深入的交谈中，如果对方从始至终用词都很客气，那么不是因为他有什么自卑感，就是其内心隐藏着戒心和敌意。反过来说，可以用随便的语气说话的人，也可能想借谈话侵入对方的心中，也就是占上风的欲望。

清朝刊印二十四史时，乾隆非常重视，常常亲自核校，每校出一件差错来，觉得是做了一件了不起的事，心中很是痛快。和珅和其他大臣，为了迎合乾隆的这种心理，就在抄写给乾隆看的书稿中，故意在明显的地方抄错几个字，以便让乾隆校正。这是一个奇妙的方法，这样做显示出乾隆学问深，比当面奉承他学问深，能收到更好的效果。

除了佩服和珅恭维的水平到了收放自如的地步，我们也可以从中得出一个道理，赞美一个人并不一定当面用语言表达，很多时候真心的赞美可以通过我们更小处的行动表达得更恰当。

罗斯福的一个副官，名叫布德，他对颂扬和恭维，曾有过出色而有益的见解：背后颂扬别人的优点，比当面恭维更为有效。这是一种至高的技巧，在人背后称颂扬人，在各种恭维的方法中，要算是最使人高兴的，也最有效果。

■ 生活需要善意的谎言

"人"从字面上看就是相互扶持的意思，我们需要相互扶持，也许，某些时候，善意的谎言能够达到这个目的。

人们都认为，说谎是一种罪恶。的确，撒谎是一种恶习。然而，我们也会遇到不方便说出真相的时候，这时就只能用善意的谎言来对付了。

下面是我在百度贴吧的一篇文章：

"谎言"之所以称为"谎言"，是因为它是虚假的、不真实的、骗人的话语。一个人如果经常有谎言流于口中，从而去哄骗他人，久而久之，他便会失去人们的信任。就如同《撒谎的孩子》文中的那个孩子一样，每天都喊"狼来了"以寻求刺激、开心，而当狼真的来时，他只有一个人独立去面对，自己去承受，再怎么喊叫也无济于事，也不会有人再来帮助他。因为，可能来帮助他的人已经习惯了他的喊叫，以为又是他在"逗你玩"呢，可见，谎言有碍于诚信。

但是今天，我们谈到的"谎言"，还有个定语——善意的，加上了这个限定词后，谎言的本质也就发生了根本的改变。"善意的谎言"是人们对事物寄托的美好愿望，是人们善良心灵的对白，是人们彼此之间相互安慰的一丝暖意，是人们心底里流露出来的一种柔情……谁也不会去追究它的可信程度，即使听到善意谎言的人明知道是谎话，也一样会去努力相信，不会觉得说谎者的虚伪，有时还要从心里感激呢。

当一位身患绝症的病人，被医生判了死刑时，他的父母、爱人、子女以及所有的亲人，都不会直接地告诉他："生命已无法挽救"，"最多还能在这个世界上活多久"之类的话。虽然这些都是实话，但是谁会那样残忍地如同法官宣判犯人死刑一样，向已经在病痛中的亲人以实情相告呢。这时，大家就会形成一个统一的战线，闭口不谈实情，而以善意的谎言来使病人对治疗充满希望，让病人在一个平和的心态中度过那残年余日。难道这会有碍于诚信吗！

当一个不谙世事的孩子，突然遭遇不幸，失去了自己的亲人，该怎样向他说明自己的亲人到哪里去了呢。我们觉得最好的办法还是：暂时不要告诉他真实情况，只是说到很远的地方出差去了，或者是在国外学习工作之类的。待孩子懂事了，有了一定的承受能力的时候，再以实情相告，孩子也会理解亲人的做法，不会因为没有早知真情而生气的。难道这样的话也有碍于诚信吗！

所以，我坚持认为：善意的谎言不仅无碍于诚信，而且还会极大地增进人与人之间的友谊和感情，对社会稳定亦有不可磨灭的作用。建议大家：善意的谎言该用则用，跟诚信与否没有太大的利害冲突。

第八章　方圆处世

　　为人处世之所以要留三分就是为了把握一个限度。路经窄处，让一步予人行；滋味浓时，减三分让人尝。话不要说满，事不要做绝。谨慎处世，小心做人。怀一种自谦心理，认识到自己的渺小，你才有可能在社会的风浪中平稳航行。

■ 方圆做人

　　我们每天都在同形形色色的人打交道，而每个人又都有着不同的喜好，就像每个人都有着不同的口味一样。那么，如何才能让自己满足每个人的口味，如何才能让自己在人际交往中游刃有余呢？这就要求我们养成方圆的性格，学会方圆做人。

　　方圆性格是常人难以达到的一种境界，它可以随着周围的环境而不断地调整自己。他们能忍则忍，能容则容，该进取时绝不退却，该退却时绝不强求。他们以自己的心胸来包容着一切，也让自己适应着一切。他们像水，所以无论什么样的环境，什么样的场合，都可以从容应对。

　　当然，一个人要想和所有的人都成为好朋友，那是不可能的，也是不切实际的。其实，在我们的一生当中，有两三个知己就已经很难得了。但是，总是会有些人"人缘"好些，而有的人则"人缘"差些。为什么会有这样的区别呢？是因为人缘好的人比一般人更有财富、更有地位，还是因为他们天生就具有一种可以吸引人的魅力呢？都不是。他们之所以人脉更广、朋友更多，是因为他们更会为人处世。在他们身上，就有这种方圆的性格，使他们可以随着周围的环境而不断地调整自己，所以，他们总是能很好地生存。

　　方圆处事，方圆做人，是使我们可以在这个世上更好生存的一个法则。具体该如何来做呢?

一、求同存异。世界上没有完全相同的两片叶子,也没有完全相同的两个人。因此,每个人都会有不同的原则和不同的处事标准。如果你认识到了这点,就不会再强求别人处处都要与自己一样。所以,我们要学会求同存异。

求同存异,就是要努力在不同中寻找相同,但又允许不同的存在。相同是我们合作的基础,不同则是我们之间的差别。往往,我们总会犯这样的错误观点:把自己的观点强加给别人。或许,你是出于好心,不希望对方做错事或者白费力,所以总想帮他。但是,往往事与愿违。你的好心,被别人当作别有用心;你的诚意,被人误认为多管闲事。我们可能都有过这样的感受:在家里,父母对我们的关心可谓无微不至。但是,那种爱却往往让我们感觉很累。因为,他们的爱已经超过了一定的界限,侵占了我们的私人空间。所以,当我们做事时,也应该设身处地想一想,自己有没有侵占别人的私人空间?

无论你们关系多么亲密,都要记住给别人留一点空间。做任何事都要有度,爱也不例外。否则,它只会成为束缚我们的一条绳索。

如果你与别人并不很熟悉,那就更不要用自己的观点去强迫别人。我们现在都已是成年人,都受过良好的教育,都有自己的思想,完全可以对自己的所作所为负责。而且,由于所处的地位、角度、环境的不同,对事物的认识和看法也会不同。我们所要做的就是努力在各种不同中寻找相同,以达到合作,而不是把对方完全变成你的样子。只有学会求同存异,才能在不同的环境中生存。

二、方圆为人。"一把钥匙开一把锁。"与不同性格的人相处，也应该用不同的方式。比如，有的人性格急躁，那么在与他们相处时就要学会干净利落；有的人做事总是慢半拍，那么你应该也让自己慢慢适应他的节奏；有的人性格耿直，你也可以快言快语；有的人比较敏感，那么无论说话做事，你都要小心，以免伤到他的自尊心。

方圆为人，并非让你逢场作戏，玩世不恭，而是要你根据每个人的性格特点及行为方式来区别对待。世上的事物都不能尽善尽美，每个人也都有其优缺点，我们不能求全责备，而是努力让自己去适应他们。方圆是一种圆滑，也是一种机警。学会方圆做人，你也会像水一样随物赋形，无处而不在了。

三、学会包容。人无完人。如果你想寻找没有缺点的朋友，那么就永远没有朋友。我们不必去苛求尽善尽美，事物正是因为有一点不完美，所以才有更广的发展空间。

只要明白这一点，那么在与朋友相处时，我们才不会盯住对方的缺点不放。对待朋友，或者我们周围的人，要有一颗包容的心。无论什么样的人，就算他再失败，身上也肯定会有某些发光点，而这都可以成为你学习的对象。如果你能用这种心态去与人结交，那么你就会发现自己的朋友会越来越多，所学到的知识也会越来越广。

包容，是人与人之间的一种润滑剂。它可以让我们彼此之间少一些摩擦、多一些和谐，还会让我们多一份豁达和从容。学会包容，对我们的身心健康也是有利的。如果你总是跟别人斤斤计较，喜欢拿别人的错误来惩罚自己，那么就会让自己背上严重的心理负担。久而久之，还会患上严重的心理疾病。所以，学会包容，为了别人，也为自己。

四、注意了解别人。俗话说：知己知彼，百战不殆。与人交往，也是如此。如果你了解一个人的秉性、爱好，那么在与他相处时，也就不会显得唐突，因此也能更好地投其所好。而对于另一方来说，如果偶然他发现你对他有这么多的了解，就会觉得你对他很重视，因此也就愿意与你交往。

比如，你得知一个新相识的朋友喜欢绘画，偶尔送他一支画笔或是一幅名作，这会令他喜出望外。有如此投其所好的朋友，他又怎么会不愿与之交往呢？

如果朋友不小心冒犯了你，你也要懂得及时原谅他，因为你知道他本来就是一个心直口快的人。或者他最近心情不好，是因为家庭出现了纠纷。这样，原本的不快也就很容易可以化解了。

■ 方圆处世，凡事留一手

做任何事都需要有一定的限度，在这个限度之内，你期望的结果才会出现。不在这个限度之内，结果当然就会有很大的出入。为人处世就是需要我们学会去把握这个限度。做在这个限度之内允许的事情，并使结果达到我们预期的目的。为人处世之所以要留三分就是为了把握一个限度。路经窄处，让一步予人行；滋味浓时，减三分让人尝。话不要说满，事不要做绝。谨慎处世，小心做人。怀一种自谦心理，认识到自己的渺小，你才有可能在社会的风浪中平稳航行。

古希腊神话里有这样一个传说：太阳神阿波罗的儿子法厄同驾起装饰豪华的太阳车横冲直撞，恣意驰骋。当他来到一处悬崖峭壁上时，恰好与月亮车相遇。月亮车正欲掉头退回时，法厄同倚仗太阳车辕粗力大的优势，一直逼到月亮车的尾部，不给对方留下一点回旋的余地。正当法厄同看着难以自保的月亮车而幸灾乐祸时，他自己的太阳车也走到了绝路上，连掉转车头的余地也没有了。向前进一步是危险，向后退一步是灾难，最后终于万般无奈地葬身火海。

人生一世，千万不要使自己的思维和言行沿着某一固定的方向发展，直到极端，而应在发展过程中冷静地认识、判断各种可能发生的事情，以便能有足够的回旋余地来采取机动的应对措施。

宋朝时，有一位精通《易经》的大哲学家邵康节，与当时的著名理学家程颢、程颐是表兄弟，同时和苏东坡也有往来，但二程和苏东坡一向不睦。

邵康节病得很重的时候，二程弟兄在病榻前照顾。这时外面有人来探病，程氏兄弟问明来的人是苏东坡后，就吩咐下去，不要让苏东坡进来。躺在床上的邵康节，此时已经不能再说话了，他就举起一双手来，比成一个缺口的样子。程氏兄弟有点纳闷，不明白他做出这个手势来是什么意思。

不久，邵康节喘过一口气来，说："把眼前的路留宽一点，好让后来的人走走。"说完，他就咽气了。

邵康节的话是很有道理的，因为事物是复杂多变的，任何人都不能凭着自己的主观臆断，来判定事情的最终结果。对于每个人的人生来说，更是浮沉不定，常常难以自料。

少对人说绝话，多给人留余地，这样做其实并不是仅仅为对方考虑、对对方有益的，更是为自己考虑、对自己有益的。因为我们都知道我们的能力是有限的，这就需要与人合作。如果什么事都做得过火，必将给自己留下隐患，堵死自己的退路。认识到这一点就认识了自我。

俗话说："十年河东，十年河西。"在社会发展日新月异的当今时代，人情世事的变化速度无疑更快，社会生存的空间也变得越来越小，用不了"十年"就可能发生此消彼长的变化，人们相互间更是"低头不见抬头见"。如果把话说得太满，把事做得过绝，将来一旦发生了不利于自己的变化，就难有回旋的余地了。所以，认识自己仅有的那一点微薄之力，低调做人是我们明智的选择。

■ 做人要善于隐匿

韬光养晦也是一种处世的哲学，俗话说"花要半开，酒要半醉"，所以我们做事时一定要适可而止。武侠书中，剑客的最高境界便是杀人于无形，他们极会隐藏自己，因此出手时，往往不会让任何人察觉到。这才是真正的智者，也是真正的高手。

有时，我们是要学会隐藏自己的。隐藏自己不是一种懦弱，而是一种生存的智慧。对于敌人可以起到麻痹作用，对于自己又可积蓄实力。

藏是藏拙，藏也可以是藏秀。这是以静制动，不暴露自己的实力，也不暴露自己的缺陷，最后抓住对方的致命之处，一击毙之。

东晋宁康元年，晋文帝司马昱死，晋武帝司马曜刚刚即位，早就觊觎皇位的大司马桓温便调兵遣将，准备趁机夺取皇位。他率兵进驻新亭，引起了朝廷的恐慌。

当时朝廷的重望寄托在吏部尚书谢安和侍中王坦之二人身上。晋文帝弥留之际曾命人起草遗诏，让大司马桓温依据周公摄政的先例来治理国家，并说："少于可辅最佳；如不可辅，卿可自取之。"但被王坦之阻止，于是只让他仿效诸葛亮、王导辅助幼主，所以桓温才没能当上皇帝。于是朝中有人议论，桓温此次带兵前来，不是想要篡夺皇位，就是要诛杀谢王二人。所以王坦之心中甚是害怕。

而谢安却不同，他的神色镇定。其实桓温早就知道谢安的才干，这次进京也的确是为铲除二人。不久，他便派人传话，要王谢二人到新亭见他。

王坦之接到通知，便找到谢安商量，对谢安说："桓将军这次前来，你我恐怕是凶多吉少，这次前去，只怕是有去无回。"

谢安却笑道："你我同受国家俸禄，当为国家效力，晋室江山的存亡，便看你我的作为了。"说完，牵上王坦之的手一同向新亭走去。

到了新亭，但见阵容严整。王坦之脸都变了色，而谢安却不急不忙，态度自若。他来到桓温面前，不慌不忙地向桓温施了一礼。桓温见谢安如此处变不惊，反而有点惊讶，只好请谢安入座。

谢安落座之后，与桓温攀谈起来，桓温始终找不到机会下手。谢安早就看到埋伏的士兵，便对桓温说："我听说诸侯有道，那么四邻就会帮你，是用不着自己到处设防的。你又何必在壁后藏人呢？"桓温听后极为尴尬，于是便命人将伏兵撤走。

谢安又与桓温谈了许久，桓温始终找不到机会加害于他。而一旁前来的王坦之却早已吓得说不出话来，待到与谢安一起回到建康时，冷汗早已将衣服湿透了。

不久，桓温得了重病，却还希望朝廷可以赐他"九锡"。由于他一再催促，谢安便让人起草，但故意拖延，因为他深知桓温病重将不久于人世，于是便用了这个缓兵之计。后来，桓温果然野心未能得逞便死去。

■ 留条后路给自己

事不可做过，话不可说绝。这是我们在为人做事时应遵循的原则。对待敌人不要太苛刻，凡事给自己留条后路。

明朝中期以后，朝政日渐衰落，宦官当政，横行朝野。朝野有识之士，都聚集在东林党旗下，评论朝政，弹劾贪官，在当时有很大的号召力。一时，国家栋梁无不以东林党相标榜。但是，就是这个标榜正义的东林党最后却成为魏忠贤的手下败将，就是因为他们犯了"水至清则无鱼，人至察则无徒"的毛病。

当时的东林党人，过于意气用事。他们壁垒森严，门户之见很深，凡是不合东林党之旨的人，都斥为异党，加以排斥，大有顺我者昌，逆我者亡之势。但是当时有些情操高洁之士，不附任何党派，却也遭到东林党的排挤。因此，东林党的形象在人们的心中大打折扣。当时的时局变幻莫测。只有联合起来才有望取胜。但是他们极端的做法使自己一步步孤立。先是中了魏忠贤的奸计，遭到了惨败，尔后又自相残杀，相互倾轧。假使东林党人胸怀再宽广一些，联合起各方正义的力量，凭他们自身的号召力，鹿死谁手尚且难知。所以，凡事不可太过偏激，不要封死了自己的后路。

状元彭启丰，位至兵部尚书。他在老家苏州居住时，邻家一个剃头铺子为了招揽生意，假借其名写了一副对联挂在门外。此事被彭启丰的儿子得知，将剃头匠大骂一通，并将其对联毁掉。彭启丰得知此事，忙把剃头匠请至家中。剃头匠以为自己闯了大祸，站在那里战战兢兢。谁知彭启丰不但没有责怪他，还替儿子向他赔礼道歉。并且亲自写了一副对联送他，希望他原谅自己儿子的无知。此事在当地传开之后，人们更加敬佩彭启丰的度量。

与人方便也是与己方便。无论对待朋友还是敌人，都不要太苛刻。如果可以把敌人变为朋友，那是最好不过的了。就算成不了朋友，也没有必要把对方逼到绝路上去。因为万一你把他逼急了，到时跟你来个同归于尽，对你也是没有好处的。

所以，我们不单单要做到"得理不饶人"，还应做到"得理且饶人"。给别人一条生路，也是给自己一些方便。或许你会说这是放虎归山，斩草不除根，必留后患。但是，人不可能总是生活在仇恨之中，你的一举一动往往也会影响着其他人对你的看法。或许，你的好意并不能打动你的敌人，但却可以打动其他的人。如果你心中有爱，别人自然也会愿意与你接近。如果在别人的眼里，你总是心狠手辣，那么恐怕别人也会对你敬而远之了。所以，对别人大度一些，也会给自己带来不少好处。

一、让对方无路可走，很有可能会激起对方的求生欲，为此，他甚至会不择手段。而这时，他往往会是最可怕的。因为一个人如果不再去顾及伦理道德的话，就会令人防不胜防、措手不及。所以还不如放他一条生路，以免同归于尽。

二、如果是你无理，自然应该你退让。但如果是对方无理在先，你退让一步，也会让他心怀感激。就算他不领你的人情，但至少也不必让自己陷入仇恨之中不能自拔。毕竟，享受生活才是最重要的。何况，人都是有感情的，并非有不共戴天的仇恨，你对他宽容，自然也会换来他的感激。

三、俗话说：山不转水转。总会有狭路相逢的时候，若到时他势旺你势弱，你很可能就会吃亏。"得饶人处且饶人"，也是给自己留条后路。

人和动物不同。动物的行为都是依其本性而发，属于自然的反应。而人类的行为是经过深思熟虑的结果，所以，我们可以通过控制自己的思想来控制自己的行为。也许，我们没有那么高的境界，让自己学会去爱自己的敌人。但是，至少我们应该学会宽容，对别人，也对自己。或许，你给他的这次机会可以改变他的一生。如果他能够幡然醒悟，重新再来，无论对自己，还是对社会都会是一笔财富。而对于你来说，或许还会赢得一个志同道合的朋友。

所以，凡事不要做绝，留条后路，给别人，也是给自己。让我们记住俄国作家克雷洛夫的话："不要把痰吐在井里，哪天你口渴的时候，也要到井边来喝水的。"

第九章　做人灵活

茫茫人海，浮沉人生，方圆做人，圆满做事是我们每一个人都渴望做到的。但是你若不懂得运用手段去做人，那么你注定平庸一生，无所作为。要想做一个成功的人，就需要有做人的手段。

■看碟下菜

很多刚跨出学校大门的青年人对社会充满了各种幻想，杰克和那些只有二十来岁的小伙子同样一无所有，为了生存要靠自己的力量去工作。生存能力是他们要在社会上立足的第一课，与人交流的艺术是他们要学习的。

杰克是一个牧师的孩子，贫穷的家庭不能够给他优越的生活，在他毕业以后的日子没有能找到好工作，好不容易在一家银行做着薪水很低的侍者的工作。因为他很珍惜这份工作，所以做事认真，每次都能把事情做得很好，顾客对他的热情服务赞赏有加。老板看在眼里，渐渐对这个青年产生了信任。

有一次，他接受了销售铁路公司债券的任务，这个任务似乎有点艰巨，从没有接手过这项业务的杰克没有放弃，而是想出了自己的办法。他决定先去访问纽约城市银行的总裁。

等候了很久，杰克终于和总裁见面，总裁很忙。秘书提醒杰克，他大概只有 3 分钟的时间。总裁抬眼看了看杰克，可没有说话。杰克就站在总裁的面前，双手把公司债券放在桌子上。

"97元。"他只说了这么一句话。

那位总裁奇怪地又望了望少年的脸孔，开始来了兴趣，他让杰克说得再详细一点。杰克知道自己已经成功了一大半，那位总裁出人意料迅速买了杰克销售的债券，当天就在合同上签了字。

杰克的老板很高兴，又很好奇。他奇怪怎么之前的几位职员去都没能成功，而杰克似乎很轻松就拿到了合同。杰克回答："我只是尽量把事情说得简单，因为我知道总裁很忙，结果我就成功了。"

之前去推销的职员，都是上去就是一套寒暄，寒暄完了还没进入主题，而是介绍起了铁路公司的经营状况，没等说完，3分钟时间就已经到了。总裁没有耐心继续听下去，因为他是个追求速度的人，许多更重要的事情等着他去处理，就这样先前的几个人都没有成功。

杰克在留意发现了问题以后，他对银行总裁说的第一句话就让总裁知道了自己应该干什么。细致的杰克成功地抓住了总裁的注意力，并在进一步的沟通中得到了总裁的信任，合同就这样到手了。

年轻的杰克已经学会了打动人的方法，这个方法让他在自己事业的道路上越走越宽。和朋友同事的交流中，他总能抓住别人的心；他细心聆听对方，增长了不少经验。后来杰克成为了一名首屈一指的成功商人。

面对每个不同的沟通对象，需要有不同的沟通方式，不能一概而论。能够针对不同的对象采用不同的表达方式和表达手段成为了沟通的重要技巧。

■ 学会幽默

俄国文学家契诃夫说过：不懂得开玩笑的人，是没有希望的人。可见，生活中的每个人都应当学会幽默，多一点幽默感，少一点气急败坏，少一点偏执极端，少一点你死我活。在人生道路上，挫折和失败是常有的事，如果忍受挫折的心理能力得不到提高，则焦虑和紧张就会常常困扰我们的身心。假如你拥有幽默，也就具有了随环境变化不断加以调节自我心理的有力武器，即可利用幽默减轻生活中因失败带来的痛苦。

林肯是美国历任总统中最具幽默感的一位。早在读书时，有一次考试，老师问他："你愿意答一道难题，还是两道容易的题目？"林肯很有把握地答："答一道难题吧。""那你回答，鸡蛋是怎么来的？""鸡生的。"老师又问："那鸡又是从哪里来的呢？""老师，这已经是第二道题了。"林肯微笑着说。

一次，林肯步行到城里去，一辆汽车从他身后开来时，他扬手让车停下来，对司机说："能不能替我把这件大衣捎到城里去？""当然可以，"司机说，"可我怎样将大衣交还给你呢？"林肯回答说："哦，这很简单，我打算裹在大衣里头。"司机被他的幽默所折服，笑着让他上了车。

林肯的脸较长，不好看。一次，他和斯蒂芬·道格拉斯辩论，道格拉斯讥讽他是两面派。林肯答道："要是我有另一副面孔的话，我还会戴这副难看的面孔吗？"

林肯当了总统后，有一天，一个妇人来找林肯，她理直气壮地说："总统先生，你一定要给我儿子一个上校的职位。我们应该有这样的权利，因为我的祖父曾参加过雷新顿战役，我的叔父在布拉敦斯堡是唯一没有逃跑的人，而我的父亲又参加过纳奥林斯之战，我丈夫是在曼特莱战死的，所以……"林肯回答说："夫人，你们一家三代为国服务，对国家的贡献实在够多了，我深表敬意，现在你能不能给别人一个为国效命的机会？"那妇人无话可说，只好悄悄走了。

最近，美国的一位心理学教授认为，幽默是文学与心理学相结合的与人友善相处的一种科学方法。在人际关系紧张而复杂化的情况下，幽默能缓和冲突，化解矛盾，使困难的工作得以顺利进行，与此同时，他还列举了幽默的五大好处：

第一，幽默可以消除尴尬。处在尴尬的场合时，幽默的语言只要轻轻扫过，会立即使气氛活跃起来，一扫彼此之间的难堪。

第二，幽默有利于活跃家庭生活。幽默走进家庭，能使家人之间更加愉快、融洽。例如，容易发生口角的夫妇，当妻子在盛怒之际，丈夫并不正面与她对抗，而是时不时地给她来点幽默；这种争执也许会顷刻间化为乌有，妻子也会破涕为笑。

第三，幽默能打破与异性的隔阂。以轻松而活泼的幽默语言与异性接触容易提起话题，并使两者很快建立起友善的关系。

第四，幽默能协助解决问题。以幽默的态度来解决问题，常会得到意想不到的效果，能使对方的不愉快和愤怒情绪一扫而光，甚至能使对方原谅你的小小不足之处。

第五，幽默有助于达到自己的目的。当自己需要别人帮忙时，以幽默的请求要比央求或命令的效果好得多，甚至会改变某些人的敌对心理，使他在不愿意的情况下转而乐意为你服务。总而言之，生活中善用幽默的好处很多，它会使我们脚下的路越走越活，使我们的工作、学习、生活更加轻松、丰富。善用幽默的人不仅受人喜爱，更能获得别人的支持和帮助，做起事情来也往往事半功倍。

那么，怎样培养幽默感呢？那就需要领会幽默的内在含义，机智而又敏捷地指出别人的缺点或优点，在微笑中加以肯定或否定。幽默不是油腔滑调，也非嘲笑或讽刺。正如有位名人所言：浮躁难以幽默，装腔作势难以幽默，钻牛角尖难以幽默，捉襟见肘难以幽默，迟钝笨拙难以幽默，只有从容，平等待人，超脱，游刃有余，聪明透彻才能幽默。

另外，扩大知识面。幽默是一种智慧的表现，它必须建立在丰富知识的基础上。一个人只有审时度势的能力，广博的知识，才能做到谈资丰富，妙言成趣，从而做出恰当的比喻。因此，要培养幽默感必须广泛涉猎，充实自我，不断从浩如烟海的书籍中收集幽默的浪花，从名人趣事的精华中撷取幽默的宝石，还需要陶冶情操，乐观对待现实。幽默是一种宽容精神的体现，要善于体谅他人，要使自己学会幽默，就要学会雍容大度，克服斤斤计较，同时还要乐观。乐观与幽默是亲密的朋友，生活中如果多一点趣味和轻松，多一点笑容和游戏，多一份乐观与幽默，那么就没有克服不了的困难，也不会出现整天愁眉苦脸、忧心忡忡的痛苦者。

最后，培养深刻的洞察力，提高观察事物的能力。培养机智、敏捷的能力，是提高幽默的一个重要方面。只有迅速地捕捉事物的本质，以恰当的比喻，诙谐的语言，才能使人们产生轻松的感觉。当然在幽默的同时，还应注意，重大的原则总是不能马虎，不同问题要不同对待，在处理问题时要具灵活性，做到幽默而不俗套，使幽默能够为人类精神生活提供真正的养料。

■ 要懂赞美他人

君子成人之美，不成人之恶。小人反是。帮助别人是一种善良，为他人鼓掌的时候则是一种魅力，一种风度。

第一次登上月球的航天员，其实共有两位。除了大家所熟知的阿姆斯特朗之外，还有一位就是奥德伦。在庆祝登陆月球成功的记者会上，有一个记者突然问奥德伦一个很特别的问题："让阿姆斯特朗先下去，使他成为世界上登陆月球的第一个人，你是不是感觉到有点遗憾？"在全场有点尴尬的注目下，奥德伦笑了笑，很有风度地回答说："各位先生，请不要忘记，当航天器回到地球时，我可是最先走出太空舱的。"他环顾四周笑着说："所以我是从别的星球来到地球的第一个人。"大家听后，都在笑声中给予他最热烈的掌声。

人和人的关系有点复杂，很多时候我们之间有着竞争，又相互依赖。成人之美需要我们有着宽广的胸怀，有着非凡的气度。

春秋时候，楚庄王一次大宴群臣。酒宴闹到日落西沉，大家还未尽兴。楚庄王唤来士兵，点起灯烛，又令侍从搬来好酒，让大家喝个尽兴，还找来妃子跳舞助兴。

忽然刮起一阵大风，一下子把灯烛吹灭。宫殿中一片漆黑，一位喝得半醉的将军忙乱中起身，因为被妃子的美色打动，在酒精的作用下，欲非礼妃子。妃子大惊失色，不过当时没有声张，只是摸着将军的头盔折断了上面的盔缨。

王妃走到楚庄王面前，大声呼叫，说在黑暗之中，有人趁机非礼她，她还折断了那人的帽缨，请大王找出那位无礼的大臣，问他的罪。大家听到了妃子的话，整个宫殿都一片死寂，大家心里都清楚接下来的事情非同小可。

大家都看着楚庄王，他沉默片刻，接着哈哈大笑。"大家喝酒尽兴，酒后失礼不能责怪。我赏大家喝酒，为的就是尽兴，不为了这点事情坏了大家的兴致。来，大家把自己的盔缨都给我摘了。"

大臣们按照楚庄王的命令重新点了灯，那位醉酒的将军无地自容，群臣继续喝酒尽兴而散。在宴会上楚庄王暗暗观察大臣们的反应，心中明白了是哪位大臣。更令人不解的是，在宴会之后，楚庄王竟然把王妃赐给了那位无礼的将军。

三年后楚晋大战。有一位将军身先士卒，奋不顾身冲杀在队伍的最前面，舍生忘死战功赫赫。没有错，这位将军就是当年宴会上非礼王妃的那个人，为了报答楚庄王的恩情，肝脑涂地在所不惜。

当宽厚待人内化成一种修养的时候，就成为一种人格魅力。成全别人的好事，为他人鼓掌。把掌声送给别人不是刻意抬高别人，贬低自己，更不是吹牛拍马、阿谀奉承，而是对别人的成就和优点的肯定。为他人鼓掌的心态让我们能看到别人的优点，而一个愿意为别人鼓掌的人也会得到更多的掌声。

■ 善处小人

小人是历史舞台上的一个特殊的群体。他们遭人痛恨但又无时不在，他们就像雨后的野草，有着顽强的生命力。

小人身份或许并不尊贵，权力也不大，但他们的破坏力却不可小觑。中国有句古话：宁得罪君子，不得罪小人。君子坦荡荡，心胸磊落，不会与你计较些什么。小人则不同，他们鼠肚鸡肠，对任何事都会斤斤计较，而且不受道德的约束，所以手段卑劣，让你防不胜防。人们对这种人虽然痛恨，但也同时感到头疼，所以往往会对其避之千里，以求自保。

小人之所以遭人痛恨，是因为他们总会兴风作浪，从中挑拨。且报复心极强，时时刻刻都在想如何对付你，有时他们甚至不仅仅是针对一个人，一件事，而是针对整个的公众。而且他们一般都会像泼皮无赖一样，对你纠缠不休。他们往往都躲在暗处，当我们丧失戒备的时候便猛然出手。所谓"明枪易躲，暗箭难防"，他们伤人的武器往往就是"暗箭"，因为其低劣的品性决定了他们不可能光明正大。一次不成，他们还会有第二次，第三次，直到弄得你精疲力竭。所以，对于这些人，我们一定要提防，不可大意轻心。

唐史的《奸臣传》里讲述了这样一个故事：郭子仪平定了安史之乱，为大唐江山立下了赫赫战功。年老之后，在家忘情声色，来排遣岁月。后来身为宰相的卢杞，当时还只是一个没有名气的小角色。一日，郭子仪正在家中沉醉于歌舞之中，这时有人前来禀报，说卢杞前来拜见。郭子仪一听卢杞来了，立刻屏退周围的女眷和歌伎，让她们退到屏风后面，一个都不许出来。

郭子仪单独和卢杞谈了很久，等他走后，才让女眷们出来。女眷们不解，便问他："以前无论来什么样的客人，你也不会让我们躲避。而今天仅仅见一个名不见经传的书生，却这么慎重呢？"

郭子仪说："你们不知道，卢杞这个人非常有才干，日后必成大器。但此人心胸狭窄，睚眦必报。而且他长得很特别，半边脸是青的，好像庙里的鬼怪，你们女人最好笑，若见到他，定忍不住又要笑。一笑，他就会记在心里，以为是在嘲笑他。一旦得志，恐怕我们的儿孙就没有一个可以活得成了。"

后来，卢杞果然得志，做了宰相。凡是过去得罪过他的人，一律给以报复，动不动就抄家灭族。唯独对郭家的人分外客气，因为他觉得郭子仪对他颇为重视，所以大有知恩图报的意思。哪怕郭家的人犯了错，他也会曲为保全。

对小人，不要轻易得罪，更要提高警惕，否则，可能就会被他们钻了空子，到时让你后悔莫及。所以，对于小人一定要有戒心，否则，可能就会让他们造成破坏。对待小人，仅仅提防是不够的，那么我们应该如何来对付他们呢？

一、该断交时就断交。

如果你同小人交朋友，那你可就得小心了。因为这种人特别爱计较，一点小事，他们就会放在心里，所以，不如避而远之。如果对他们加以容忍，只会助长他们的气焰，他们一旦抓住了你的把柄，就会对你施以疯狂的报复。所以，对于这种人，该断交时就断交，让自己离他们越远越好。如果你总是拖泥带水，到头来可能会把自己搭进去。古人云：当断不断，反受其乱。所以，跟小人断交，还是越快越好。

二、以硬碰硬。

我们往往称小人为鼠辈，因为这样的人，通常胆子也比较小，他们通常恃强凌弱，如果见你好欺负，便总是欺压你。如果你真的跟他动真格的，他却早吓得躲到一边去了。所以这时，不妨以硬碰硬。小人最擅长的便是揭短，抓住你的"小辫子"不放。对此你也不必害怕，跟他来个以其人之道还其人之身，也搜集一些他的"小辫子"。往往，这些人的"小辫子"反而更容易收集。若到时他威胁你，你也可以把自己的摆出来给他看，这时，他们往往就会软下去，因为他们还不想与别人来个鱼死网破。可能有人说，这样做我们岂不也成小人了。对付君子用君子之道，对付小人用小人之道。对待恶人，没必要那么客气。

三、洁身自好，提高警惕。

小人最会做的便是暗中捣鬼，如果你能够提高戒备心，那么他们也就找不到下手的机会了。另外就是洁身自好，让他们抓不住你的把柄，因此他们也就无计可施了。但是这仅仅是预防，并非治本之策。对待小人，千万不能姑息，否则就会"养虎为患"，到头来害了自己，所以，该出手时就出手，不要以为可以用自己的善良换来他们的幡然醒悟，对付他们最好的办法还是"以暴制暴"。而且最好是与别人联合起来，因为小人肯定会得罪过不少的人，当然你们也不必用什么很激烈的手段，只要大家不再去理他，将他孤立，那么他自然而然也就会老实了。

第十章　要悟玄机

　　做人要悟玄机，就是做人不要太单纯，想法不要太简单。要察言观色，洞悉人性内心深处的玄机。只有这样，在人生的舞台上，才能掌握自己的命运，在人际交往中拔得头筹、在做事中稳操胜券。

■ 不要太单纯

做人单纯本身不是错，而关键是社会关系复杂，要想在社会上立足，就要懂得伪装自己，以防被人欺诈被人骗。

做人表面天真可以，但内心一定要留点 "心机" 自己用，中国古代大哲学家荀子在论人性时说："人之性恶，其善者伪也。"这句话的意思是说，人的性质如果看来是善的，那是他努力装扮成这样的，人性本来就是恶的。这就是著名的性恶论，同时也告诉人们做人要有"心机"，必须适度地伪装自己，以防被恶人所害。

人性究竟是善还是恶，绝非三言两语能够说清楚。但是在现实生活中，与人打交道时的确要谨慎小心，对人不妨考虑一些防范对策，预防万一，否则事情发展到糟糕程度时就为时晚矣。

一般人都不喜欢谋略意识强烈的人，也就是心眼太多的人。然而，在现实社会里，欺骗、狡诈的人大有人在。

大到国家之间的争端，小到个人之间的利害关系，这种欺诈无处不在。因此，与其说欺瞒他人不正当的行为太卑鄙，倒不如说吃亏上当的人太单纯、太大意。

人生从某种角度看也是一场战争。在这种战争中，为了求生存，必须要有慎重的生活方式和态度，这样才不至于上某些人的当，吃大亏。当然，为人并不需要自己去欺骗别人，但是，社会上鱼龙混杂，到处都是陷阱、圈套，必须小心提防。所谓"害人之心不可有，防人之心不可无"。

不知你是否见到过乌龟在遇到天敌时如何保护自己？当人开始抓乌龟头，这个家伙便将头和爪子全缩进了壳内，这样它装死足足几分钟后才慢慢将头伸出来张望，等敌人走了，它才敢爬动起来。

也许，你也听说过兔子蹬鹰的故事，鹰的眼睛锐利，在高空中便能看清地面上的兔子，做好准备俯冲，而此时兔子并不慌忙，它就顺势打个滚，装作死去，鹰一个俯冲下来，本想这下可抓住兔子了，可是奇迹发生了，当鹰到达地面伸开双爪时，兔子却一跃而起双爪猛抓鹰的胸肚部位，鹰悲鸣几声，带着伤痕逃离了地面。

以上两例都是发生在自然界里的普通故事。也是两类不同的以欺诈对手而求生存的实例。

在人性的丛林中，人人都想战胜对手，当敌我力量悬殊较大时或势均力敌时，用反间计或欺诈对方，会使对方上你的当，处于你的摆布之中，而你此时，已成了狩猎的猎人了。当人的力量处于优势时，也不妨采用一下欺诈的战术，这样会使你事半功倍。达到唾手可得的目标。总之，欺诈是一种计谋。

在人性的丛林里，无处不存在着欺诈。欺诈并不是什么违背伦理的罪恶。凡是有利于自己的生存，有利于个人能力实现的，都是正当的，合理的，西方哲人曾说过："凡是存在的，都是合理的。"这话并不无道理，既然我们存在，我们就有理由去生存、求发展，而一切对自我的压抑和对存在的摧残则应当被看成为罪恶。

　　另外，竞争的特性也决定了欺诈的必然性，竞争使得我们不得不谨慎行事，竞争也使得我们每个人必须以自我为中心，必须永远走在同伴的前面，否则优胜劣汰的法则便不会饶恕我们。

■ 场面话可以说，但不可以信

"场面话"是日常生活中没有多大真正价值，但又挥之不去的一片灰色。至于"场面话"，我们不得不说，不得不听，但不能去相信。我们需要保持冷静和客观，千万别为他人的两句好话就乐昏了头。冷静下来，看看对方的用心何在。"耳根子太软"是做人的忌讳。

说"场面话"是人们在应对各种关系时的现象之一，而说"场面话"也是一种生存智慧，在人性丛林里进出久的人都懂得说，也习惯说。这不是什么罪恶，也不是什么欺骗，这是一种"必要"。

在我看来"场面话"也就是这么两种：

一、当面称赞人的话。比如称赞对方的小孩可爱聪明啦，称赞对方的衣服大方漂亮呀……像这种场面话所说的也许有的是实情，也有的则与事实有相当的差距，听起来说起来虽然"恶心"但只要不太离谱，听的人十之八九都会感到开心，而且旁人越多他就越高兴。

二、当面答应人的话。比如"我全力帮忙"，"有什么问题尽管来找我"等。像这种话有时是不说不行，因为对方运用人情压力，当面拒绝，场面会很难堪，而且会马上得罪别人：缠着不肯走，那更是麻烦，所以用"场面话"先打发，能帮忙就帮忙，帮不上忙或不愿意帮忙那就以后再找理由，总之，有"缓兵之计"的作用。

所以，"场面话"想不说都不行，因为不说，会对你的人际关系有所影响。

不过，千万不要相信"场面话"。如果你轻易相信别人所说的场面话，那就只能说明你涉世经验不足。

对于别人敷衍你的"场面话"，你要保持你的冷静和客观，千万别为两句好话就乐昏了头，因为那会影响你的自我评价。冷静下来，反而可看出对方的用心如何。

对于拍胸脯答应的"场面话"，你只能持保留态度，以免希望越大，失望也越大，只能"姑且信之"因为人情的变化是无法预知的，你既然测不出他的真心，那就只好保持最坏的打算。要知道对方说的是不是场面话也不难，事后求证几次，如果对方言辞闪烁，或避而不见或避谈主题，那么对方说的就是"场面话"了。所以对这种"场面话"，也要有清醒的头脑，不然可能会坏大事的哦。

■ 该违心时就要违心

如果说世界是一个矛盾复合体，那么处在这个复合体中的人，必然会领受许多外部世界与内部世界、物质客体与精神自我的不协调和不统一。矛盾的错综决定了人们在解决它时出现大量"二律背反"。为了外部世界的那些需求，人们不得不做出一些牺牲自我的抉择，于是，便产生了说违心话和做违心事的现象。

许多时候，我们在做着自己并不想做的事，说着自己并不想说的话，甚至还很认真。因为慑于压力、屈于礼仪、拘于制度、限于条件，我们进了不想进的门，陪了不想陪的客，送了不想送的礼，笑了不想笑的笑……

人都想自由自在，都想随心所欲，但是，世界从来不是看你的眼色行事的，我们每个人都在被动地做一些自己不想做的事。因为，我们不仅有自身还有环境，不仅有现在还有未来，不仅追求实现自我还在追求安全、友爱和形象。奉献出自己的一部分心愿换取平静、换取尊严、换取良好的环境还是十分必要的，尽管你对这种自我背弃并不很乐意。

有一对情侣，一个脆弱，一个诚实。忽然有一天诚实的一个得知脆弱的一个患了绝症，如果直言相告必然加速脆弱者的死亡。于是，他平生第一次编出一段绝症可治、治愈不难的谎言，这可是一个最不愿说谎的人对一个最需要诚实的人说的谎啊，那滋味是可想而知的。

当然，并不是所有违心都有痛苦，弄巧时也可以是人生的一面风光。如果你的上司十分喜欢听好话，偏偏你又不得不指正一下他的差错，这时你开门见山直言要害当然既省时间也符合你痛快为人的个性，但是，那样无论是对单位还是本人都将很糟。如果你试着先讲一通上司的成绩，再讲出存在的问题和解决办法，尽管那些优点是勉强的，有些优点还不单属他一个人，然而，却使上司既改了差错又对你刮目相看，这不是两全其美吗？

就是我们自身，出于片面和执迷，也并不是处处都在为自己着想，给自己设路障、捅娄子的事也常有，违背自己的心愿接受一下旁观者的点拨和训导，也可能有别番风光。

有位年轻人小时候很不想读书，迫于父母的强制和周围的压力，不得不违心埋头于书本之中。18岁考上大学计算机专业。毕业后，他分进一家化工公司工作。公司只缺财会人员，经理要他改行为单位解难，他很爱自己的专业，出于无奈，服从了需要。谁知后来他在会计与电脑的交叉点上又开发出了会计电算化软件，不仅专业未丢，还成了单位的技术骨干和后备干部。可见，违心也有利己的时候，至少利于纠正主观偏见、克服个人膨胀、和谐全局。

这个世界上，我们不仅要自己高兴，同时也要大伙高兴，如果世界因为你的服从和委曲而有了风光，也不会少了你的那一份。当然，这风光也不会无限。如果你处处由别人支配，事事处于无自我状态，把自己规范成一钵盆景，只要别人喜欢、别人满意，自己扭曲成怎么

"奇"怎么怪都可以，那就怎么也风光不起来了。

我们生活在社会中，社会的环境、制度、礼仪、习俗无不作用并制约着你。台湾作家罗兰早有所告："我们几乎很难找到一个人能够整天只做自己喜欢做的事，过他自己所想过的生活。"随着社会文明的提高，人际间的纵向联络会日趋淡漠，但横向间的联系只会加强。如果你在交际中没有妥协、忍让和迁就的准备，那只能处于四面楚歌之中，纵使有三头六臂，也将牵制得你疲惫不堪而无法前进。所以，虽然妥协、迁就都有那种"不得不"的心态，但仍不失为人际间的"润滑剂"。

几乎每个人都对自己的能力、智力和贡献做着偏高的估计，为了保护这种偏高带来的高期望，我们都应当多看他人的优点，少说他人的缺憾。当然，这一多一少，无疑偏离了真实，显然也有了违心的成分。但是，这确实是促成并发展企业凝聚力和激发员工工作热情的成功经验。只要优点是存在的，都应挖掘；只要缺憾无损大体或可通过暗示而改正，都应避讳。其实，为了群体和未来我们都有过献身和忍受；为了增强实现目标的合作我们都不应以自己为中心；为了避开更大损失都有过委曲求全；为了争取人心我们甚至都有过"这样想却去那样做"的经历，都曾扮演过"两面派"。为了融洽和顺利，违心应当得到允许。

当然，这都不包括虚其表面、用以心计（除非对付敌人）的那种"违心"，因为，那是超出道德规范、蓄谋策划的行为。

以说假话、使绊子为"第二职业"的王熙凤对浪荡丈夫贾琏纳尤二姐为妾是醋意刻骨的，但为人刁钻的她却能违心说出万千甜蜜来，一会儿"大恩人"，一会"好妹妹"，口里全是自怨自错："怨不得别人，如今只求妹妹疼我！""只求妹妹在二爷跟前替我好言方便方便，留我个站脚的地方，就是叫我服侍妹妹梳头洗脸，我也愿意！"待将二姐骗及身边，设套逼死了她还假意哭道："狠心的妹妹！你怎么丢下我去了？辜负了我的心！"那一言一行做得"和美非常，竟比亲姐还胜几倍"。

这里，王熙凤只用暂时的做作来隐蔽祸心，以达到深层的极欲，有道德的人固然不能为，而易轻信的人也不能在交际中少了防范。

违心，有自我压抑，也有融合群体的亲和力，可以是软弱者的自保，也可以是奸诈人的烟幕。它像一杯白水，可以放糖浆，可以放柠檬、放橘汁，也可以放毒药！

让违心违在情分上，又符合天理良心，才是我们应该遵从的。

■ 话不能乱说

心事是自己的秘密，只可留给自己，千万不能搁不住事，成为别人要挟你的把柄。那真是单纯过头，吃亏吃尽，糟糕透顶。

普通人有一个共同的毛病：肚子里搁不住心事，有一点点喜怒哀乐之事，就总想找个人谈谈；更有甚者，不分时间、对象、场合，见什么人都把心事往外掏。其实这也没有什么不对，好的东西要与人分享，坏的东西当然不能让它沉积在心里，要说可以，但不能"随便"说，因为你每个倾诉对象都是不一样的，说心里话的时候 一定要有"心机"，该说则说，不该说千万别说。之所以处理心事要这么慎重，是因为心事的倾吐会泄露一个人的脆弱面，这脆弱面会让人改变对你的印象，虽然有的人欣赏你"人性"的一面，但有的人却会因此而下意识地看不起你，最糟糕的是脆弱面被别人掌握住，会形成他日争斗时你的致命伤，这一点不一定会发生，但你必须预防。

有些心事带有危险性与机密性，例如你在工作上承担的压力与牢骚，你对某人的不满与批评，当你快乐地倾吐这些心事时，有可能他日被人拿来当成修理你的武器，你是怎么吃亏的，连自己都不知道。

那么，对好朋友应该可以说说心事吧！答案还是：不可随便说出来，你要说的心事还是要有所筛选，因为你目前的"好"朋友未必也是你未来的"好"朋友，这一点你必须了解。即使是对家里人，也不可强硬把心事说出来。假如你的配偶对你的心事的感受与反应并不是你能预期的，譬如说，她(他)因此对你产生误解，甚至把你的心事也说给别人听……

然而，闭紧心扉，心事"滴水不漏"也不是好事，因为这样你就成为一个城府深，"心机"沉，不可捉摸与亲近的人了。如果你本就是这样的人，那无太大关系，如果不是，给了别人这种印象是划不来的。

所以，真正有"心机"的人应该这样做：偶尔也要说说无关紧要的"心事"给你周围的人听，以降低他们对你的揣测与戒心。

第十一章　要讲诚信

诚信是道路，它会使你的脚步延伸，人生之路越走越宽广；诚信是财富的种子，只要你诚心种下，就能找到打开金库的钥匙。诚信是一种大智慧，更是一种做人的高境界。

■ 人无信而不立

诚实守信是一种高贵的品质，是我们做人时必须坚守的原则。在生活中，它通常包含了负责任、对他人尊重等等优秀的美德。有人说诚信是美德的集合体，这种看法虽然有些绝对，却足以证明人们对诚信的重视和期望。

前美国总统亚伯拉罕·林肯小时候当过小店职员，有一次，因为多收了一位顾客一分硬币，不惜徒步走了5公里，把多收的硬币送到了这个顾客的手中。他这种诚实的行为使顾客很受感动，受到了顾客的高度赞赏。林肯也正是以这种诚信的品格赢得了许多美国人民的心。

古人说："人无信不立。"信，就是信用、守信，即能够按事先跟人的约定行事。一个人要办成几件事，没有良好的信誉、守信的美德、切合实际的行动是不行的。做人、交友、学习、工作，每时每刻都离不开守信这种美德。

古今中外的许多名人、伟人，他们之所以受到人们的尊重，在事业上有所发展，获得成功，探其原因，他们都具有守信这一品德。可以说，守信是成功的条件，是成功者面对真实的自己的一种表现方式。

宋濂是我国明代一位著名学者。他从小喜爱读书，但家里很穷，上不起学，也没钱买书，只好向人家借，每次借书，他都讲好期限，按时还书，从不违约，所以人们都很乐意把书借给他。

一次，他借到一本书，越读越爱不释手，便决定把它抄下来，可是还书的期限快到了。他只好连夜抄书，时值隆冬腊月，滴水成冰。他母亲说："孩子，都半夜了，这么寒冷，天亮再抄吧，人家又不是等这书看。"但是宋濂却说："不管人家等不等这书看，到期限就要还，这是个信用问题，也是尊重别人的表现。如果说话做事不讲信用，失信于人，怎么可能得到别人的尊重？"于是，他连夜把书抄完了，第二天就把书还给了别人。

还有一次，宋濂要去远方向一位著名学者请教，并约好了见面日期，谁知出发那天下起了鹅毛大雪。当宋濂挑起行李准备上路时，母亲惊讶地说："这样的天气怎能出远门呀？再说，老师那里早已大雪封山了，你这一件旧棉袄，也抵御不住深山的严寒啊！"宋濂说："娘，今不出发就会耽误了拜师的日子，这就失约了；失约，就是对老师不尊重啊。风雪再大，我都得上路。"

当宋濂到达老师家里时，老师不由称赞道："年轻人，守信好学，将来必能成功！"后来，宋濂果然成为了著名的散文大家。

古人说："一言既出，驷马难追。"讲的就是一个信字。即讲话一定要严守信用，不食言，对自己所说的话要承担责任和义务，取信于人。所以，对根本做不到的事情，我们不要轻易许诺；而一旦答应别人的事情，就要千方百计、不遗余力地去兑现。当然，如果有的事情经过再三努力还是办不了，则应该向别人诚恳地说明原因，并表示歉意。

　　另外，生活中的许多事情，都不是一个人能够完成的，需要和许多人协调一致，共同进行，因此，在很多时候都需要大家约定一个时间。然而在现实中，很多人都有不遵守约定时间的坏习惯，而且这样的事例在生活中经常出现。这些小事看起来没有什么了不起，但会给别人带来许多不便。因此，不要认为你的偶尔失约没什么大不了，这些细小的行为会使你的人格大打折扣。会让他人认为你不是一个真实的人，值得信赖的人，久而久之你就会失去别人的信任，也就破坏了自己的人际关系。

■ 以诚待人

人与人之间的交往，最重要的就是真诚。因为，只要是谎言就总有被揭穿的那一天，任何情感，只有建立于真诚的基础之上才会永存。

生活中，有不少这样的人，他们八面玲珑，可以在各种关系之中游刃有余。但他们为人却缺少真诚，哪怕相识满天下，知心却没几个。只有学会真诚，我们才能够获得别人的信任，从而为自己赢得友谊和尊敬。

老詹姆斯在自己的土地上种玉米。根据自己多年的经验，他不断改善玉米的品种，希望可以增加产量，减少虫害。后来，通过杂交，他研发出一个新的品种。这种玉米产量很高，而且抗病虫害的能力很强，为此，他被授予"蓝带奖"，那是美国农业界的最高荣誉。

取得这样的成就之后，老詹姆斯便把自己辛辛苦苦培养出来的品种分给周围的农民，以使他们也可以有更好的收成。有些人对他的这一行为感到不解。一些朋友甚至劝他申请专利，那样将会有一笔不菲的收入。但老詹姆斯并没有这么做，他告诉朋友，玉米是虫媒植物，如果邻近地里的玉米品种不高，那么经过昆虫的传粉，几代之后，他的新品种就会被同化成低劣的玉米，因此，为了使这种玉米永远保持高产，最好的办法就是将附近的玉米变成相同的品种。这样，玉米的品质便可保持不变。

真诚地付出，到最后回馈还是会落到自己头上。如果我们每个人都有老詹姆斯的智慧，那么每个人的生活都会变得更加舒适。因为在为别人提供便利的同时，自己也得到了回报。这样，整个社会就会进入一个良性循环之中。当然，我们并非为了获得回馈才努力付出与服务的，那样只会让我们的思想变得偏颇。但是如果你的所作所为在为别人提供方便的同时，又可以满足自己的要求，那岂不是一件两全其美的事情？

中国有句古话：有心栽花花不发，无心插柳柳成荫。当你学会以一颗博爱的心来对待这个世界的时候，你同样会收获一份真诚的回报。

一位老禅师信步走在山路上，看见草丛中有件东西在闪闪发光。走过去一看，原来是块宝石。老禅师见状，顺手捡起来放进行囊中继续前进。走了不多久，遇到一个行人，这个人风尘仆仆，满脸倦容，十分疲惫。老禅师见他脚步蹒跚，便好心地从行囊中取出一些食物给他，谁知行人一眼瞥见了那块硕大的宝石。他说自己便是做珠宝生意的，问老禅师是否可以将宝石借他一看。老禅师笑道："不要说看，送你也无所谓啊！"行人一听，大喜过望，连忙伸手去接宝石，仔细观赏了半天，便放入自己怀中，谢过禅师，径自走去了。

老禅师继续向前走。但是没走多久，听到背后有人在喊自己的名字，回头一看，原来是刚才的那个行人。老禅师停下脚步，双手向他一摊："如果你是来要宝石的，那我可是没有了。"行人满脸歉意地把宝石归还给禅师说道："大师，我可不可以向您要求一件更宝贵的东西？请您把舍弃这颗宝石送我的力量赐予我吧，那才是最宝贵的！"

真诚，出于对他人的一种信任，更是对别人的一种爱。只有明白这一点，才能确认自己存在的无限价值，才能使得我们生命的潜能得到无限的发挥。

真诚，从某一方面来说是对别人的一种尊重，一种热爱。它可以给我们一种安全感、一种稳定感，可以让我们获得别人的爱和信任。如果你的心中没有这种品质，精神生活就会充满空虚。

让我们学会真诚，真诚地对待别人。真诚与无私常常是相依相伴的，它要求我们要懂得付出。一个人如果自私自利，那么就会对自己的利益放在首位。为了自己受益，他们宁肯牺牲别人。这样的人，是永远不会真诚地对待别人的。当你学会真诚地对待别人时候，你的友情之树将会常青，而人脉的提升也会使你的事业越来越顺利，从而取得成功。

■ 真诚才能感人

如果你希望自己在人际交往中更加游刃有余地获得友谊，那么你就一定要学会真诚。一个对别人感兴趣的人比一个要别人对他感兴趣的人所拥有的朋友一定会多。

著名心理学家亚佛·亚德勒在他的著作《人生对你的意识》中说过："对别人不感兴趣的人，他一生中的困难最多，对别人的伤害也最大。所有人类的失败，都出于这种人。"爱，是我们人类得以存在的根源。因为爱，我们才来到这个美丽的星球之上；因为爱，我们才可以在艰难的环境中得以生存。每个人对爱都有一种渴求，没有爱的人生就会变得寒冷而又无情。而真诚地对待别人就出于一种爱，一种伟大的可以推广到一切事物的爱。

在美国，纽约的一家公司对本公司电话中的谈话做了一个统计，想找出哪一个词最常在电话中被提到。结果出来了，这个词就是"我"。

每个人都有一种心理，那就是希望自己可以得到别人的重视。但是，如果你把所有的时间都花在表现自己身上的话，那么就永远不会获得许多真实而诚挚的朋友。你只有学会真诚地对待别人，学会对他人感兴趣，才可以赢得他人的友谊。

我们的先人，一直教导我们待人要以诚。孔子说过："己所不欲，勿施于人。"孟子也说过："爱人者人恒爱之，敬人者人恒敬之。"老百姓的说法就更加简单了："投之以桃，报之以李"，"你敬我一尺，我敬你一丈"。真诚，换来的往往也是真诚。让自己真诚待人，你也会有更多的可以推心置腹的朋友。

有些人认为，自己真诚，别人不真诚，到头来伤害的会是自己。此话的确有一定道理。在这个社会上，的确有一些人虚伪、狡诈，想尽种种办法算计别人。但是，不能因为个别现象便对所有的人充满敌视。这同我们不能因噎废食是一个道理的。再者，那些愚弄你的人伤害的并不仅仅是你，还有他们自己。因为他们的信誉受到了别人的怀疑，因此最终会对自我发展带来不利的影响。

真诚并非一种简单的付出。尽管当时你并没有想会得到回报，但最终还是会得到回馈。

李嘉诚的名字可谓无人不知无人不晓。关于李嘉诚的成功之道，已有多部书进行过记载，其核心内容无非一个字："诚"。正是因为本着"以诚待人"的原则，李嘉诚才开创了事业。

李嘉诚说过："我绝不同意为了成功而不择手段，如果这样，即使侥幸略有所得，也必不能长久。"李嘉诚是生产塑胶花起家的。当时资金少，规模不大，适逢一位外商想要大量订购这种产品，为了确保他有供货能力，需要有厂家提供担保，但是李嘉诚是白手起家，没有任何背景，因此没有人为他提供担保。他只好对外商如实以告。他的真诚感动了外商，外商决定破一次例，不需要任何担保直接与他签合约。但是凭当时的生产规模，根本就不可能完成生产，于是他只好谢绝了对方的好意。李嘉诚的作为大大出乎外商的意料，想不到在商场中居然还会有如此诚实的青年。于是外商决定，哪怕是冒着再大的风险也要与这个年轻人合作一次。他预先付给李嘉诚货款，以便对方可以扩大生产，保证及时交货。从此，李嘉诚慢慢成长为一个商场举足轻重的人物。

可见，真诚能带给我们的，已远远超过了我们的付出。或许，短时间内你是会有所损失，但是从长远利益来看，它却会给我们积累起一笔无形的财富。因此，学会真诚地待人，当你具有这种品质之时，也会对你的事业发展带来极为有利的影响。

第十二章　心态要好

　　人生坎坷，不可能一帆风顺，事事称心如意。有时我们会郁郁寡欢，有时我们会手舞足蹈，有时我们会暴跳如雷，有时我们会欢声笑语。不同时候伴随我们的心情也是千变万化的。我们要调整好自己的心态，保持一颗宽容而快乐的心，不要老是停留在抱怨的阴影中自寻烦恼，凡事要往好处想，再苦也要笑一笑。相信船到桥头自然直，一切都会过去的。人生只有快乐才是最重要的。

■ 微笑着面对生活

生活中，总会遇到各种各样的困难。对此，你的反应如何？怨天尤人，心灰意冷，还是让自己勇敢地面对。你做出的反应不同，所得到的结果也就不同。

我们总会见到这样的情况：同样的环境，同样的遭遇，有的人愁眉苦脸，有的人却喜笑颜开；有的人捶胸顿足，有的人则意气风发。之所以会有如此不同，是因为我们每个人的心态不同。生活就是一面镜子，你对它笑，它就对你笑；你对它哭，它也对你哭。因此，我们要学会微笑着面对生活。

学会微笑，我们的生活将会轻松很多。一个人如果整日愁眉苦脸，那么就会对生活失去信心，在面对困难时也就更加被动。而如果以一种乐观的心态来对待生活，那么就没有什么可以伤害到他，在遇到困难时他也可能更加从容地应对。

微笑的力量是巨大的，它可以融化一切坚冰。一个喜欢微笑的人也总会让人觉得更容易接近。如果你总是微笑，不仅可以让自己得到更多的朋友，还可以让自己的事业更上一层楼。

威廉·怀拉是美国很出名的职业棒球明星。他40岁后退役，准备去做保险推销员，因为他一直很喜欢推销这个行业。而且自认为凭借自己的知名度，肯定会给保险公司带来不错的经济利益。但是，当他去应聘时，得到的答案却是不予录用。原因是"保险推销员必须有一张迷人的笑脸，而你却没有"。威廉这时才意识到自己是这样一个吝啬的人，连一个免费的微笑都不能给周围的人，感觉自己简直白活了40年。为了改正这个毛病，他下决心苦练微笑。他收集了许多迷人笑脸的照片，将它们贴在自己的屋子里面，以便可以随时模仿。他还买来一面很大的镜子，每天对着镜子练习笑容。最后，他终于练出了"发自内心的如婴儿般天真无邪的笑容"，并成为一个年收入高达百万美元的推销高手。他经常对别人说："一个不会笑的人，永远无法体会到人生的美妙。"

微笑对我们的影响就是如此巨大。不仅如此，它还有利于我们的健康。医学研究证明，笑能够刺激内分泌腺体分泌激素，使血流加速，增强细胞吞噬功能，提高人体的免疫力。另外，笑还可以减压，这也是有科学依据的。因为笑能使脑垂体释放一种欢欣物质，以减轻压力，振奋精神。所以，当你劳累之时，不妨让自己笑一笑，可以是和同事们聊天的开心大笑，也可以是看到一个小笑话的偷笑。总之，无论如何，都要学会让自己微笑着面对生活。

学会笑对生活，首先就要让自己养成乐观的心态。一个拥有乐观心态的人在任何困难面前都不会退缩，因为他的心中总是充满希望，而心中有希望，也就自然会产生力量。他们也会失败，但却从来不会怀疑自己，而是给自己找出好多的理由。他们有时甚至有点阿Q精神，把自己身上的责任推得一干二净，然后笑嘻嘻地跑开了。再然后，他们会从头再来。可他们并不想赢，但是由于他们不怕输，所以往往就会收获成功。因此，他们总会成为生活中的强者。而悲观的人却恰恰相反，他们会把一切责任都揽在自己身上。当然，不替自己找借口有时也是一件好事，它可以增强我们的责任心。但同时也会让我们容易对自己产生消极的思想，否定自己的价值，动摇自信心。

我们应该如何养成乐观的心态呢？

首先，学会转移注意力。当你心情不好时，就让自己换一个环境，比如到外边散散步，和朋友聊聊天，从事一下体育活动。这样你头脑中不快的思想就会很快被其他思想所取代。许多伟人就是用这种方法来调节心情的。爱因斯坦心情不好时就会拉小提琴；毛泽东则喜欢游泳，那会让他全身感到放松。

其次，选择积极的信息。任何的事情，都会有两面性，因为所有的事物都是矛盾的统一体。这时，我们就要学会吸收积极的信息，忽略消极的信息。如比赛中你输给了对方，你可以告诉自己，有了这次教训，以后自己会更加努力。如果没有这次失败，自己就会被胜利冲昏头脑，到时会有更大的失败。如果每次遇到不幸你都可以这样调整自己，那么久而久之，你就会让自己培养起乐观的心态，在生活中也会更加从容。

再次，树立信心。信心是一切力量的源泉，拥有信心的人就会有坚定的毅力，在困难面前会积极应对而不是被动地接受。他们从来不会抛弃自己，也不会怀疑自己。他们将失败看作是通往成功路上的一种必然，而不是终点。

最后，多交朋友。俗话说：一个篱笆三个桩，一个好汉三个帮。

一个人如果结交广泛，那么做事也会顺利很多。而且朋友多的人，思想上也就会更加开放，更加乐观。如果你总是将自己封闭起来，那么阳光就难以到达心灵深处，更甚者还会产生心理疾病。况且，只要成为朋友，就肯定有彼此吸引的地方，而这也会通过言谈举止无意中透露出来，而这些信息被你捕捉，就会增强你的自信心。当你不开心时，朋友的安慰也可以让你更快地从阴影里走出。

所以，让我们学会以积极的心态来面对生活，让我们学会对生活微笑，而我们也会活得更加的轻松。

■ 有一颗感恩的心

世界潜能开发大师安东尼·罗宾说过：成功的第一步就是先存有一颗感恩之心，时时对自己的现状心存感激。"一个小孩因为他没有上更好的贵族学校而闷闷不乐，直到他从电视上看到偏远山村失学的孩子。""一个有房没车的人因为没有车而郁闷，直到他看到一个为租房而掏出大把钞票的人。"

有一天，在乡间的一条小路上，一位乡下汉子在过桥时不慎连人带车一头栽进一丈多深的河水中。谁知，一眨眼工夫，这位汉子像游泳时扎了一个猛子般从水里冒了出来，围观的人赶紧将他拉了上来。上岸后那汉子竟没有半丝悲哀，反而却哈哈大笑起来。

人们都很惊奇，以为他吓疯了。于是有人好奇地问他："何故发笑？"

"何故发笑？"汉子停住反问，"我还活着，而且连皮毛都没伤着，这难道不值得发笑吗？"

生命是一条美丽而曲折的幽径，需要人们用心去感受它，用心去珍惜活着的感觉。感恩是爱的根源，也是快乐的源泉。如果我们对自己的一切都能心存感激，都能从感激中得到快乐，我们的人生便是有意义的人生，我们的感激便会感染身边的每一个人，使我们时时拥有一个好的心情来面对生活。

感恩要和心理安慰区别开来，它不是对别人和自己的姑息纵容和迁就，也不是那阿Q式的精神胜利法。它是源于对生活的一种赞美，一种积极向上的心态。

感恩像其他受人欢迎的性情一样，是一种习惯和态度。你必须真诚地感激别人，而不只是虚情假意。

无论你走到哪家公司，如果你能够对为你服务的女职员说一声"谢谢"，她一定会从心里感激你的。反过来说，如果她的这种工作被人漠视，或者被认为是理所当然的话，她一定感觉不太舒畅。每天都该用几分钟的时间，为你的幸运而感恩。所有的事情都是相对的，不论你遇到何种磨难，都不是最糟的，所以你要感到庆幸才是。

怀有感恩之心的人会对生活有着更多的了解，懂得美好生活来之不易，常常知足常乐。感恩不是炫耀，不是停滞不前，而是把所拥有的看作是一种荣幸、一种赏赐、一种鼓励，在深深感激之中进行积极行动，与他人分享自己的拥有。

上世纪60年代，在《人民文学》、《人民日报》等刊物登出郭沫若的白话诗之后，刚从大学毕业分配到科学院电子研究所从事语言声学工作的陈明远，给郭老写了一封信，措辞尖锐激烈："读完您那些连篇累牍的分行散文，人们能记住的只有三个字，就是您这位大诗人的名字。编辑同志大概对您的诗名感到敬畏，所以不敢不全文登载；但是广大读者却对您的诗名寄托厚望，所以不能不表示惋惜，甚至因失望而导致嘲笑挖苦……"

为此，郭沫若约见了陈明远，笑着问他："假若你当诗歌编辑，我的诗稿落到你手里，你怎么处置？"

　　陈明远认真地想了一会儿，回答说："对于您的来稿，我准备分三类处理。第一类，像《罪恶的金字塔》和《骆驼》这样的好诗，还有少数合格的，予以发表。第二类，有可取之处但尚须推敲斟酌的，提出具体意见退还于您，等改好了再用。第三类，诗味索然的，不要分行，当作散文、杂文对待。或者，干脆扔到纸篓里。只有这样，才是真正爱护您的诗句，也才对得起广大诗歌爱好者啊！"郭沫若听完哈哈大笑，连声说："好！我要碰到你这样的编辑同志就好办了，真是求之不得哩！"

　　作为文化大家的郭沫若对待他人的批评所表现出来的感恩态度是怎样的一种智慧和胸襟！其实，感恩也是一种处世哲学，它是生活中的一大智慧，它要我们怀着感恩之心从跌倒的地方爬起，更稳更自信地走下去。

　　康德说："即使仰望夜色也会有一种感动。"又是怎样的一种胸怀，人活在世上再没有比活着更值得庆幸的。如果我们明白了这一点，我们的人生才会充满感恩的快乐气氛。不怀有感恩之心，生活便会黯然失色，没有一点滋味，而怀有感恩之心的人，他会拥有一个成功、快乐的人生。

■ 感谢逆境

　　一个人只要有了思想，就会有梦想；有了梦想，就会有理想；有了理想，就会有欲望，而我们就会在欲望的指引下前进。但是，并不是每个花期都会如约而至，并不是每个心愿都能实现，并不是每个翘首期盼都会盼来亲人。人生不如意之事，十有八九。或者美好的愿望成为泡影，或者心爱的人离我们远去，或者辛勤的努力却换来了别人的误会和嘲笑。

　　当你遇到困难时，你会怎样呢？其实，不必抱怨。因为，困难是对我们人生的一种磨砺。孟子说过：故天将降大任于斯人也，必先苦其心志，劳其筋骨，饿其体肤，空乏其身，行拂乱其所为，所以动心忍性，增益其所不能。英国哲学家培根也说过：超越自然的奇迹多是在对逆境的征服中出现的。适度的挫折对我们反而会有一定的积极意义，它可以帮助我们驱走惰性，促使人奋进。

　　一个人若要从逆境中站起来，就肯定会认真总结经验和教训，追寻失败的原因，探求解决的办法。在这个过程中，就会充分调动我们的大脑。就像蛹要经过蜕变才能变成蝴蝶，小孩子要经过无数次的跌倒才能学会走路一样，逆境也会让我们得到一步步的成长。

　　从失败中走过的人，总会变得更加沉稳，更加成熟。法国前总统戴高乐曾说："挫折特别吸引坚强的人。因为他只有在拥抱挫折时，才会真正认识自己。"的确，在我们检讨失败的过程中，我们总会对自身做一个全面的分析，认清自己的优缺点。而一个人只有认清了自己，那么才能在行动时减少一定的盲目性，才会少碰壁，因此在制定目标时也就会变得更加理智。爱迪生总结自己的成功经验时曾说："失败也是我需要的，它和成功对我一样有价值，只有在我知道一切做不好的方法以后，我才能知道做好一件工作的方法是什么。"所以一个人只有在经过挫折后才会得到真正的成长。

微软公司的副总裁鲍伯曾裁掉手下一名叫艾立克的总经理。此人才华过人，但为人却很傲慢，且桀骜不驯。当时有好多人为他求情，但是鲍伯的态度却很坚决，他承认艾立克很有才华，但是他身上的缺点也很严重，让他继续留下来只会带坏整个团队。后来比尔·盖茨知道了这件事，便主动要求把艾立克留下，做自己的助理。通过这件事，艾立克认识到了自己错误的严重性。从此刻意改正。7年后，他终于晋升为微软公司的副总裁，并成为鲍伯的顶头上司。但是，他并没有因为鲍伯曾经开除过他而怀恨在心，而是对他非常感激，因为是他把自己唤醒，让自己改掉了身上的恶习，所以才能有今天的成就。

古语云：宝剑锋从磨砺出，梅花香自苦寒来。一个能够成功的人，绝对不会被困难打倒，反而会越挫越勇。成功和失败总会相伴相生，如果你拒绝失败，那么成功也会被挡在门外。通往成功的路总会荆棘密布，险象环生，所以能最终摘取胜利果实的，肯定是那些不怕失败的人。挫折，是一道成功者与失败者的分界线。如果经过挫折，你选择了放弃，那么你就会滑向失败那边。如果你选择进取，那么不久的将来，你就会成功。

查尔斯认为："一个虽屡遭挫折却百折不挠的人将比一个一直顺顺当当的人更有可能取得成就。"我们应该感谢挫折和失败，因为它们给予我们的智慧比我们从成功中得到的更大。

一个人一生如果都是风平浪静，那么肯定也不会有什么太大的出息。我们称那些经不起任何挫折的人为温室中的花朵，这样的人如果一遇到风雨就会被击垮。而现在的大多数青少年都处于这样一种情况下，他们从小就在父母的呵护、师长的关怀下长大，没有经过太多的磨炼，所以，有不少的人为这些孩子们担心，甚至我们，也会有过这样的感受。可见，经历挫折是一件好事，因为他可以磨砺我们的意志，让我们在面对困难时更加坚强，更加勇敢。

挫折，是对一个人精神的磨炼，它是我们精神训练的运动场。每当我们经历了一次挫折，我们便会增长一点力量。一个人经过一定的体育锻炼，就会让我们的身体更加强壮；而当我们在精神的训练场上进行锻炼之后，意志也会变得更加坚强，更加有力。所以，在面对困难时，我们会变得更加的理智，更加的从容。

不经历风雨，怎能见彩虹。人生就是一场悲喜剧，你只有经受住生活中的各种考验，才能展示自己真正的价值。爱迪生说过："一个人要先经过困难，然后踏进顺境，才觉得受用、舒服。"

没有黑暗，就不会知道什么是光明；没有痛苦，就会漠视幸福。所以，让我们学会感谢挫折，因为有了它的磨砺，我们的人生才能绽放出异样的光彩。

第十三章　性格要好

好性格的人处理事情不急不躁，所以能井井有条；对待朋友热情诚恳，自然能左右逢源；面对挫折勇敢坚韧，因此能百折不挠。一个拥有好性格的人必将会有好能力、好前途、好人生。

■ 别有嫉妒心理

　　嫉妒，从某种意义上来说，是人类的一种普遍的情绪。现代社会是一个崇尚成功的社会，然而在激烈的竞争当中，有人成功，就必然有人失败。失败之后所产生的由羞愧、愤怒和怨恨等组成的复杂情感就是嫉妒。可以说我们任何人都会有这种心理，如果让这种嫉妒在心里蔓延，必然会引起许多不必要的麻烦，为我们的生活增加负担，造成人与人之间的不和谐。

　　嫉妒常常会导致中伤别人、怨恨别人、诋毁别人等消极的行为。嫉妒往往是和心胸狭隘、缺乏修养联系在一起的。心胸狭隘的人会因一些微不足道的小事而产生嫉妒心理，别人任何比他强的方面都成了他嫉妒的缘起。缺乏修养的人会将嫉妒心理转化成消极的嫉妒行为，严重地破坏人际关系。

　　一个人在嫉妒别人时，总是注意到别人的优点，却不能注意自己比别人强的地方。其实任何人都有不如别人的地方，当别人在某些方面超过我们时，我们可以有意识地想一想自己比对方强的地方，这样就会使自己失衡的心理天平重新恢复到平衡的状态，也就更能够面对真实的自己。

　　当今社会是个竞争日益激烈的社会，人际关系愈来愈复杂、微妙，可以说只要是身心健康的人或轻或重地都有这种心理，只不过是有些人易表露，有些人善于掩饰而已。有这种心理并非坏事，如果把问题处理好了，则是一种催人积极奋进的原动力——学会取人之长补己之短；如果处理不好，妒火中烧，就会引发不正当竞争，惹出许多是非来。心理学家的观察也证明：嫉妒心强烈的人易患心脏病，而且死亡率也高，而嫉妒心较少的人群，则心脏病的发病率和死亡率均明显的低，只有前者的1／3——1／2。此外，如头痛、胃病、高血压等，都易发生于嫉妒心强的人群，并且药物的治疗效果也较差。所以，我们有必要克服自己的嫉妒心理，正确认识自己。我们可以试着用以下几种方法来克服嫉妒：

一、正确认识法。嫉妒心的产生往往是由于误解所引起的，即人家取得了成就，便误以为是对自己的否定，对自己是威胁，损害了自己的"面子"，其实，这只不过是一种主观臆想。一个人的成功不仅要靠自己的努力，更要靠别人的帮助，荣誉既是他的也是大家的，人们给予他赞美、荣誉，并没有损害自己。

二、攻击嫉妒法。当嫉妒心一经产生，就要立即把它打消掉，以免其作祟。这种方法，需要靠积极进取，使生活充实起来，以期取得成功，并不亚于竞争对手。培根说过："每一个埋头沉入自己事业的人，是没有工夫去嫉妒别人的。"

三、凡事"想开些"。"想开些"即乐观些。人生总有不如意之事，所谓"人人都有本难念的经"即是此理。当然，做到"想开些"，也不是一件容易的事，但随着时间的流逝，是可以改变个人的观点的。如果正处在愤怒、兴奋或消极的情况下，能较平静、客观地面对现实，是能达到克服嫉妒的目标的。

四、正确比较法。一般而言，嫉妒心理较多地产生于周围熟悉的年龄相仿、生活背景大致相同的人群中。因此，只有采取正确的比较方法，将人之长比己之短，而不是以己之长比人之短，比的方法对了，烦恼情绪就会少了。

五、自我驱除法。嫉妒是一种突出自我的表现。在这种心理支配下，待人处事常常以我为中心，无论什么事，首先考虑到的是自身的得失，因而引起一系列的不良后果。若出现嫉妒苗头时，即行自我约束，摆正自身位置，努力驱除妒忌心态，可能就会变得"心底无私天地宽"了。

总之，我们应该对自己有一个真实的印象，在嫉妒产生的时候，把握好自己的心态，让嫉妒的消极因素转化成积极因素，让自己有一个良好的人际关系网。

■ 不要自卑

自卑是一种消极的心理，对我们自身的发展具有很大的危害性。因为它会让我们怀疑自己、否定自己，甚至抛弃自己，而一个人一旦对自己都不再信任了，即便有天大的本事也难以施展出来。

所谓自卑，就是给自己的心灵设限，进而使原本可以做到的事情，也变得做不到了。因为在这个世界上，能够有能力困住我们的只有我们自己。就像美洲狮，尽管它们是世界上最具有攻击力的动物，但是却非常害怕狗的叫声。有关人士认为，这可能是由于它们在进化过程中受到过类似动物的袭击，所以造成心理上的害怕。我们人类也是如此，尽管比美洲狮还要强大，可还是无法抵御内心的那种恐惧！

其实，因为恐惧而陷入困境的人，本身并不是他所认为的那么糟糕，只是缺乏面对恐惧的勇气，不能与强大的心理影响相抗衡，致使自己在痛苦中挣扎，却不敢尝试着走出去。

有一只乌龟在沙滩上晒太阳时，几只螃蟹走过来，它们看到乌龟背上的甲壳嘲笑道："瞧瞧，那是一只什么怪物啊，身上背着厚厚的壳不说，壳上还有乱七八糟的花纹，真是难看死了。"乌龟听后，觉得很羞愧，因为它自己早就痛恨这身盔甲，可这是娘胎里带出来的，没法改变，它只能把头缩进壳里，来个眼不见、耳不听，落得个清静。谁知螃蟹们见乌龟不反抗，便得寸进尺："哟，还有羞耻心哩，以为把头缩进去，你就能改变你一出生就穿破马甲的命运吗？"乌龟没有应答，螃蟹自讨没趣地走了。

乌龟等螃蟹们走后，伸出头，迈动四肢，找到一处礁石，把它的背部靠在礁石上不停地磨，想磨掉那件给它带来耻辱的破马甲。终于，乌龟把背磨平了，马甲不见了，但弄得全身鲜血淋漓，疼痛不堪。一天，东海龙王召集文武百官升朝，宣布封乌龟家族为一等爵位，并令它们全体上朝叩谢圣恩。在乌龟家族里，龙王一眼就瞧见了那只已没有马甲的乌龟，便大怒道："你是何方妖怪，胆敢冒充乌龟家族成员来受封？"

"大王，我是乌龟呀！"

"放肆，你还想骗朕，马甲是你们龟类的标志，如今你连标志都没有了，已失去了本色，还有什么资格说是乌龟。"说完，龙王大手一挥，虾兵蟹将们就将这只丢掉马甲的乌龟赶出了龙宫。

其实，我们自己也会犯这样的错误，当别人谈论我们的不足，认为我们的所作所为不合常理时，我们也会有一种自我关注的情绪在否定着自己，认为自己不如别人。更有甚者，会暗自将自己拿到人群中加以比较，这样的结果往往是越比较越自卑，越觉得自己一无是处。于是渐渐失掉自己的本来面目，渐趋于他人的言论和行动。

有位心理学家写了一本很畅销的社会心理学书，名叫《你的误区》。这本书认为，每个人均有个性上的"误区"或自我挫败的感情和行为，比如像自我轻视、易怒，对过去悔恨，对他人过分依赖，不敢涉足新事物，被旧风俗习惯过分控制……因而使自己不能愉快地生活。那么，如何使自己走出"误区"呢？

首先，要克服自卑感。自卑是一种不健康的想象，是一种认为自己不可能成功的心理状态。自卑感会挫败你的勇气，而夺走你的信心，留下的只有无所作为的思想，这就不可避免地要遭受失败。

其次，要面对真实的自己。每个人都会犯错误，犯了错误就要敢于承认，要善于吸取教训。不要因自己犯了错误就憎恶自己，并且一直沉浸在错误的阴影里。

第三，给自己定的目标不要太高。设定你能够达到的目标，并为之努力，达到后的喜悦将使你更具信心。大目标要分解成小目标，慢慢达成。

第四，要学会帮助别人。帮助一些失魂落魄的人恢复自信，无形中会增加你的自信。

第五，要成为一流好手。每个人都有自己的嗜好、手艺或技术。无论它多么普通，你都要努力发展它，成为这方面的专家。之后就会有人向你请教，对你表示敬佩，这样就会使你感到自己不一般。

第六，多照镜子。不要认为镜子是女人的专利，男人也要常对着镜子审视自己，是不是精神饱满？是不是显得愉快？这样就能够避免消极思想，尤其要对着镜子说"我能够"、"我要做"之类肯定的话。

另外，要克服自卑感还要分析自己自卑的原因是什么，了解到真正的原因，就可以主动地、有意识地训练自己跨出这一误区，从而为自己树立优越感，摆脱自卑的束缚。

■ 克服懦弱的性格

我们生活在一个和平的年代，这并不代表生活中会少了风浪。虽然没有了战场上的硝烟弥漫，但是一场没有硝烟的战争却正在进行。当今社会的各种竞争的强烈程度已经超过了历史上的任何一个时期。我们所遇到的各种困难仍不可小觑。在生活中，我们更需要的就是一种坚强。

从古至今，性格懦弱之人的归宿无一例外都是以悲惨告终的，无论达官显贵还是王侯将相，都不能逃脱。南唐后主李煜便是一个很好的例子。

李煜出身于帝王家，其父为李璟。由于他生性懦弱，最后沦为亡国之君，被鸩酒毒死。

当时，宋太祖肆无忌惮，得寸进尺欺压南唐，他在荆南制造了几千艘战船，以谋江南。当时的镇海节度使林仁肇听说后，便上书李煜，请求带兵迎敌。他请求李煜给他数万精兵，出寿春，据正阳，利用那里积蓄多年的粮草以及当地人怀念旧国的优势，收复疆土。起兵时，可以散布谣言说他举兵谋反，如此宋朝定无防备，便可攻其不备。

但李煜听后，却吓得脸色发白，说这是引火烧身之策，万万不可。于是错失了一次作战良机。

后来，沿江巡检点绛也前来献策，但也被李煜拒绝，使他失去了防御宋军南侵的另一次机会。

为了保全自己，李煜又想到了另一个办法，那就是向宋朝称臣纳贡，这样就免得他兴师动众，出兵征讨了。于是便给宋太祖写了一份上表。但是，这一切并没有阻止宋太祖的野心。宋太祖不但没有答应，还将他前去上表的弟弟扣押在京城。

后来，李煜又听信谗言，诛杀了林仁肇。而这又中了宋太祖的计策。因为宋太祖了解林仁肇的才能，知道他会成为自己攻取南唐的一大障碍，但自己又无能为力，于是便用了一个反间计。

宋太祖谋取江南之际，南唐中书舍人潘佑也多次向李煜上书，提出一系列的治国方针。李煜虽对其主张大加赞赏，但却从未付诸实施。结果，潘佑连上六道奏章，都如石沉大海，没有半点音讯。潘佑忍无可忍，又上一道奏书。在这篇奏书里，他言辞激烈，而且把矛头直指李煜。李煜见后大怒，此时又有朝臣一旁怂恿，李煜于是不分青红皂白，命人从速捉拿潘佑。结果害得潘佑含恨自尽。

林仁肇和潘佑不仅是当时不可多得的重臣，还是大江南北诸国敬畏的名人。李煜诛杀他们，不仅让自己少了两个栋梁之臣，而且也引起了各方的不满。

宋太祖闻听李煜的所作所为之后，心中暗喜，认为取南唐的时机已到。他便在京城给李煜修建一座宅院，召李煜乔迁，但李煜不受。于是他又想了一个办法，派人对李煜说，朝廷准备修天下图经，唯独缺少江南的版图。李煜自然明白这是什么意思，居然派人把自己国家的版图给宋太祖送去。宋太祖掌握了江南的地形及人丁数目，便胸有成竹地派兵直取江南。这时李煜才知道大势已去。当时朝中又有人建议组织敢死队，趁夜色出城，打宋军个措手不及，但生性懦弱的李煜还是没有同意。

最后，李煜被俘，成为宋朝的阶下囚，被封为"违命侯"。

一天，乌云密布，空中飘着细雨。囚禁李煜的宅第传出凄楚的歌声。这是侍妾们在为李煜祝寿，而她们吟唱的是李煜最近醮着血和泪铸就的一阕《虞美人》。而就是这阕词，为李煜招来了杀身之祸。原来宋太宗在李煜的周围设下了许多的耳目。这阕词被躲在暗处的耳目记下，然后报入宫中。宋太宗一直都打算谋害李煜，正愁没有理由，于是就以此为借口，派人送去一壶酒，将李煜毒杀了。

李后主就这样不明不白地死去了。害死他的凶手是谁，难道不是他自己的懦弱吗？古往今来，懦弱者的结局几乎都是千篇一律，很少有善终者。懦弱的人总是不敢面对困难，总是逃避现实，他们没有勇气去和困难抗争，最后只能落得悲惨的下场。

生活中，总是充满坎坷的。无论你身份多么高贵，地位多么显赫，无一不是如此。我们应该培养自己面对困难的勇气，不能一遇到挫折就来个"鸵鸟政策"，那样只会自欺欺人，不会对我们有任何帮助。其实，如果我们可以多一些勇气，就会发现好多事情是可以解决的，只是我们总是不相信自己。击败我们的，往往不是挫折和困难，而是我们内心的怯懦和勇气。

■ 要有乐观的精神

如果你是一个乐观者，能够尽量把烦恼和忧愁从自己的心中排除出去，使你的每一天、每一时刻都过得非常有意义、有价值，那么你就是一个幸福快乐的人。

当有不愉快的事情降临的时候，我们务必要保持乐观精神，而不能被一时的阻碍所俘虏。虽然这个世界不以我们的意志为转移，但我们可以改变自己的心态，从而更好地适应生活，享有一个美丽而安宁的精神世界。古希腊哲学家艾皮克蒂塔曾说："一个人的快乐与幸福，不是来自依赖，而是来自对外界运行规律的追求。"

乐观的人能够把自己的烦闷和苦恼排解出自己的大脑，知道用乐观的心理来应对其他的一切，以便让自己的每一分每一秒都有意义和价值。

詹姆斯就是一个乐观的人。当别人问他最近过得如何，他总是可以带给你令人意料不到的好消息。

他是美国一家餐厅的经理，当他换工作的时候，许多服务生都跟着他从这家餐厅换到另一家，这是为何呢？因为詹姆斯是个天生的乐天派，如果有某位员工今天状态不佳，运气不好，詹姆斯总是适时地告诉那位员工往好的方面想。

这样的情境真的让人很好奇，所以有一天有位友人到詹姆斯那儿问他："没有人能够老是那样的积极乐观，你是怎么办到的？"

对此，詹姆斯回答："每天早上我起来告诉自己，我今天有两种选择，我可以选择好心情，或者我可以选择坏心情，而我总是选择有好心情。每当有不好的事发生，我可以选择做个受害者，也可以选择从中学习，而我总是选择从中学习。每当有人跑来跟我抱怨，我可以选择接受抱怨，或者指出生命的光明面，而我总是选择指出生命的光明面。"

"但并不是每件事都那么容易啊！"这位友人抗议说。"的确如此，"詹姆斯说，"生命就是一连串的选择，每个状况都是一个选择——你要选择如何回应，你要选择人们如何影响你的心情，你要选择处于好心情或是坏心情，你要选择如何过你的生活。"

数年后，这位友人听到詹姆斯意外地做了一件你绝想不到的事：有一天他忘记关上餐厅的后门，结果早上三个武装歹徒闯入抢劫，他们逼着詹姆斯打开储钱的保险箱，詹姆斯由于过于慌乱，弄错了一个码，惊吓了抢匪，于是他们开枪射击詹姆斯，遭受重伤的詹姆斯被邻居及时发现，送到医院进行紧急抢救，医生施行手术的时间就超过了18个小时，术后经过悉心照顾，詹姆斯终于出院了，但还有颗子弹留在他身上……

听完这事之后不久，这位友人遇到詹姆斯，便问他最近怎么样？他回答："如果我再过得好一些，我就比双胞胎还幸运了。要看看我的伤痕吗？"友人婉拒了，但他问了詹姆斯当抢匪闯入的时候，他的心情变化。

詹姆斯答道："我想到的第一件事情是我应该锁后门。当他们击中我之后，我躺在地板上，还记得我有两个选择：我可以选择生，或选择死。我选择活下去。"

"你不害怕吗？"友人问他。

詹姆斯继续说："医护人员真了不起，他们一直告诉我没事，放心。但是在他们将我推入紧急手术间的时候，我看到医生跟护士脸上忧虑的神情，我真的被吓到了，他们的脸上好像写着——他已经是个死人了。我知道我需要采取行动！"

"当时你做了什么？"友人又问。

詹姆斯说："当时有个护士用吼叫的音量问我是否会对什么东西过敏。我回答：'会。'

这时，医生跟护士都停下来等待我的回答。我深深地吸了一口气喊道：'子弹！'

等他们笑完之后，我告诉他们：'我现在选择活下去，请把我当作一个活生生的人来开刀，而不是一个活死人。'"

詹姆斯能活下来当然要归功于医生的精湛医术，但同时也由于他令人惊讶的乐观态度。他的那位友人从他身上学到，每天你都能选择享受你的生命，或是憎恨它。这是唯一真正属于你的权利。没有人能够控制或夺去的东西，就是你的乐观态度。如果你能时时注意这件事，你生命中的其他事情都会变得容易许多。

正是那位友人有感于詹姆斯积极乐观的人生选择，方写下了他的动人故事。

正如詹姆斯每天早上都能选择好心情一样，我们都可以在好心情与坏心情、积极的与消极的之间选择我们所需要的好心情与积极的心态。这是我们绝对的自由，无论在什么情况下乐观的人常常自我感觉良好，对失败有点可贵的"马大哈"精神。你对事情的态度，可以决定你是否快乐。我们要善于摒弃那些扯自己后腿的悲观失望的消极情绪，保持乐观积极向上的心态，做自己的主人，做自己希望的那样快乐，这可以从以下几个方面着手：

1. 别只想事情的阴暗面

2. 不吹毛求疵

3. 搞好人际关系

4. 学会直面挫折

第十四章　该糊涂时糊涂

　　糊涂是一种境界：能忍能让、不争长短显得超脱潇洒。糊涂也是一种智慧：超然于小事之外的眼光让他于大事上有着更敏锐的洞察力和更准确的判断力。

■ 难得糊涂

在同一片蓝天生存，无论同事、邻里之间，还是萍水相逢之人，不免会产生摩擦，如若患得患失，结果就会越想越气，伤害身体，激化矛盾。如果做到遇事"糊涂一点"，麻烦、恼火、损失自然就少得多。洛克菲勒说过："自作聪明的人是傻瓜，懂得装傻的人才是真聪明。"

人如果能够糊涂一点，就能够从琐碎的事务中解脱出来，集中精力办大事。愚笨的人在人际交往中处处表现自己"聪明"，聪明人在人际交往中，常把"糊涂一点"作为特定情况下的交际武器，去解决一些棘手的难题。

首先，所谓"糊涂"是"装糊涂"，大智若愚的精辟之处不在"愚"而在"若"字。令自己处于"不知道"的角色只不过是为了今后处理事情更加方便，但这并不是意味着自己真的不知道，或者不应该知道，不去了解情况，掌握信息。

其次，"装糊涂"的主要宗旨不是为了推卸责任，而是为了应变，掌握调整决策的主动权。要睁一只眼闭一只眼。做到"糊涂一点"，就是对人要擅见其长，不拘泥小节；对事能总揽全局，不舍本逐末。在处理大是大非的问题上能够坚持原则，分清是非，顾全大局，头脑清醒，遵守道义，避恶从善；在无关紧要的小事上则不作过多计较，不寸利必争，不小题大做，要顺其自然。一个人如果能将"糊涂一点"这个明智的处世策略学到家，那他就可以称得上是个聪明的人了。

做人不要太精明，有些时候，适当的让步未必就是坏事。被世人誉为"扬州八怪"之一的郑板桥，留下两句四字名言，一句是"难得糊涂"，另一句是"吃亏是福"。

如果对什么事情都生气的话，气坏的是你自己，在生活中切勿做那种利字当头的人，什么亏都不能吃，什么便宜都想占，工作拣轻的干，薪水不想比别人少。其实，在和人相处时如果涉及利益，吃点小亏未必是坏事。

亏和赢是相对的，但也是互补的，人生不可能一辈子都不吃亏，这次吃亏了，不代表永远吃亏，而且，因为你的宽容和大度，会使得很多人对你有好感，从另一方面看，其实你得到了更多，得人心比挣钱更加困难。只有从心里正视吃亏的存在，才能以一种豁达的态度来面对它，心里才会平衡。

据说有个砂石老板，没有文化，也没有背景，但生意却出奇的好，而且历经多年，长盛不衰。说起来他的秘诀也很简单，就是与每个合作者分利的时候，他都只拿小头，把大头让给对方。如此一来，凡是与他合作过一次的人，都愿意与他继续合作，而且还会介绍一些朋友，再扩大到朋友的朋友，也都成了他的客户。人人都说他好，因为他只拿小头，但所有人的小头集中起来，就成了最大的大头，最终使他成为真正的赢家。

"吃亏"是让利的表面，"是福"是让利的内容。古人云：用争夺的方法，你永远得不到满足；但用让步的办法，你可以得到比期盼的更多。换言之：吃亏是福!

吃亏，就是自己谦让一些，牺牲一些利益，可失去的东西只是暂时的。那些一点亏都不能吃的人往往只看到了眼前的小恩小惠，却失去了更多的东西。如果我们能够坦然处之，不去计较一时的得失，最后，我们会得到人们更多的信赖、理解、尊重，这难道不是最大的福分吗？任何一个有作为的人，都是在不断吃亏中成熟和成长起来的，并从而变得更加聪慧和睿智。

我们在为人处世、在维护利益上要变得聪明一些，但聪明也有限度，不要聪明反被聪明误，聪明与精明的概念是不一样的。当你决定要为了自己所选择的事业付出努力时，一定要懂得：要聪明，而不要追求精明。聪明的人一般不计较眼前的得与失，因为他们的眼光很远，只要能随时把握住自己的大目标，吃亏也是正常的，再说，如果什么事情都要计较，就会心累，身也累。能吃亏的人虽然他们的很多行为让别人看起来都是不能理解的，觉得不划算。但是只有他们心里知道，自己的努力和付出肯定在将来会得到巨大的利益回报。长远的利益肯定是较大的利益，而眼前的利益从来都是小利。

成功的人都是很聪明的人，最明白吃小亏占大便宜的道理；而精明的人最不服人，其事业用不了多长时间就会失败。成功的人总是不惜血本来招揽人才，然后通过人才作用的发挥使自己成功；而失败的人总是因为不想吃亏，只想占便宜而失去人心，然后由于人才匮乏和事业无助而走向失败。

所以，弄清精明和聪明的区别是很重要的，精明的人往往会身心很累，因为他要花时间和精力来算计一些小利益，而白白浪费了自己的一些时间，或许他们并不觉得这是在浪费时间，因为在他们的心里，得到小便宜后就会非常满足。但是，聪明人就不会花时间来研究怎么样才能占到便宜，他们会用这些时间来考虑更重要的问题，或者来休养生息，他们知道吃点亏不仅能节省精力，更是一种福气。

■ 看时机才聪明

《庄子》中有句话叫"直木先伐，甘井先竭"，意思是说树木挺直就会遭人砍伐，井水甘甜也往往最先枯竭。做人也是如此，历史上有不少人因为才华出众而遭人陷害，所以要学会韬光养晦，避免锋芒太露。

三国时期，杨修在曹操手下任主簿，起初曹操很重用他，而杨修却处处炫耀自己的才智，导致曹操对他越来越厌恶。

一次，有人给曹操送来一盒酥，曹操吃了一些，便又盖好，并在盖上写了"一合酥"三个字。大家都不懂这是什么意思，杨修见了，却拿着勺子和大家一起分吃起来。别人问他这是什么意思，他说丞相的意思是说一人一口酥。曹操知道后嘴上嬉笑，心里却有几分不快。

还有一次，曹操要建造相府，刚造好大门的构架，曹操便前来查看。看完之后，也不说话，只在门上写了一个"活"字就走了。杨修见到，便说门上加一"活"字，乃"阔"字也，丞相是嫌门太阔了，于是便命人把门造窄。曹操知道后，心中又觉不快。

曹操的长子曹丕和三子曹植都很聪明伶俐，深得曹操喜爱，尤其是曹植，能诗善赋，很得曹操欢心，于是便想立他为太子。曹丕知道后，心中恐惧，便秘密地请吴质到府中来商议对策，但又怕曹操知道，于是就将其藏在箱中，只说里边装的是丝绸。后来此事被杨修知晓，便向曹操禀报，于是曹操派人到曹丕府上查看。曹丕知道后十分慌张，便命人告诉吴质，让他想办法。吴质听后，便让人转告曹丕，第二天在箱中放入一些丝绸抬去。曹操派去的人见果然又有木箱抬入，便派人搜查，结果却没有发现什么。曹操以为是杨修帮助曹植来陷害曹丕，十分气愤，对杨修更加讨厌。

曹操经常拿军国大事来试探曹丕和曹植的才干。杨修身为相府主簿，深知军国内情，于是每次都会写好答案交给曹植，所以曹植每次都能对答如流。曹操心中渐生怀疑，后来曹丕买通曹植的随从，把杨修写的答案呈送给曹操，曹操大怒，骂道："匹夫安敢欺我耶！"

还有一次，曹操为了考验俩兄弟的才智，让曹丕、曹植出邺城的城门，却又暗地里告诉守门官不要放他们出去。曹丕首先来到城门口，却被挡了回去。曹植闻讯后，便去杨修那里问计。杨修说："你奉魏王之命出城，有人若敢阻挡，格杀勿论！"曹植依计，到了城门果然遭到阻挡，于是拔剑杀了守门的官兵。曹操知道以后，先是惊奇，后来得知事情的真相，更加气恼杨修，对曹植也渐渐疏远了。

建安二十四年，刘备进军定军山，他的大将黄忠杀了曹操的大将夏侯渊，曹操于是亲率兵马与刘备大军决战。但是战事一直不利，进难以取胜，退又怕被人耻笑。一天晚上，护军前来请示夜间口令，适逢曹操正在喝鸡汤，于是随口说了句"鸡肋"。杨修知道后，便叫自己的随从收拾起了行装，准备撤离。有人问其故，他却说："鸡肋食之无味，弃之可惜，正和我们现在的处境一样，进不能胜，退又恐遭人耻笑，久驻无益，不如早归，所以提前准备，免得慌乱。"曹操知道后大怒："匹夫怎敢造谣乱我军心！"于是喝令刀斧手将杨修推出斩首，将首级悬于门外，以为警戒。后来虽然曹操果然兵败退军，但杨修却白白搭上了自己的性命。

一个人聪明没有错，但若恃才傲物便是错了。真正聪明的人，会隐藏自己的智慧，否则锋芒太露，自然会成为众矢之的。

齐国有位名叫隰斯弥的官员，此人为人机警，心智过人。当时他的住宅与齐国权贵田常的官邸相邻。当时田常野心勃勃，欲夺取大权。隰斯弥虽对田常有所怀疑，却一直不动声色。

一日，田常邀隰斯弥到自己府邸的高楼之上赏景。登高望远，周围景色一览无余，只有南边的景色被隰斯弥院中的大树挡住了。隰斯弥明白了田常带他赏景的用意，回到家中，便让家人砍倒那棵大树。谁知家人刚要动手之时，却又被隰斯弥制止住了。家人感到奇怪，便问是何用意。隰斯弥回答说："俗话说'知渊中鱼者不祥'，意思是说能看透别人的心思并不是一件好事。此时田常正欲举大事，就怕别人看穿他的意图。如果我命人砍掉那棵大树，田常就会知道我机智过人，可能会泄露他的秘密而使自己招来杀身之祸。但若不砍，顶多只会招来一些埋怨，却不会有杀身之祸，所以还是不要砍它了吧！"

正是因为隰斯弥善于隐藏自己，所以才没有给自己招来杀身之祸。

聪明分两种，一种是大聪明，一种是小聪明。爱耍小聪明的人每次以自己的小聪明获胜之后总会告诉人家以展示他的聪明，但他的小聪明也就到此而止。大聪明的人每次也总是会以自己的智慧取胜，但他却从来不肯说出来，所以别人感受不到他的聪明，但他的聪明还可以用第二次乃至第三次。这也就是我们所说的"大智若愚"吧！

■ 大智若愚

人应该学会聪明，学会生存之道。但不是学小聪明，小聪明的人能聪明一时而不能聪明一世。大智若愚，似愚实智，表面上糊涂的人，不计一时的得失却能聪明一世，明哲保身，始终立于不败之地。

清代的郑板桥在自己奋斗了一生即将离去之时，留下了"难得糊涂"这一名训，是因为他深刻参透了人生的哲学，明白了人生的无奈。但仔细品味，它却可以成为我们的醒世警言。

糊涂与清醒是相对应的。在人性的丛林里，我们必须时刻保持清醒。清醒于自己的实力，清醒于他人的人性。糊涂则需要我们在清醒的基础上，保持低调的做人方式，而不是自作聪明。自以为聪明的人往往不得善终，而真正大智大慧的人，表面上都似乎有点"愚"，却是"才"不外露，暗藏机宜的高手。

《三国演义》中有一段"曹操煮酒论英雄"的故事。当时刘备落难投靠曹操，曹操很真诚地接待了刘备。刘备住在许都，以衣带诏签名后，为防曹操谋害，就在后园种菜，亲自浇灌，以此迷惑曹操，放松对自己的注视。一日，曹操约刘备入府饮酒，谈起以龙状人，议论谁为世之英雄。刘备点遍袁术、袁绍、刘表、孙策、刘璋、张绣、张鲁、韩遂，均被曹操贬低。曹操指出英雄的标准——"胸怀大志，腹有良谋，有包藏宇宙之机，吞吐天地之志。"刘备问"谁人当之？"

曹操说，只有刘备与他才是。刘备本以韬晦之计栖身许都，被曹操点破是英雄后，竟吓得把匙箸也丢落在地下，恰好当时大雨将到，雷声大作。刘备从容俯拾匙箸，并说"一震之威，乃至于此"，巧妙地将自己的慌乱掩饰过去，从而也避免了一场劫数。刘备在煮酒论英雄的对答中是非常聪明的。

刘备藏而不露，人前不夸张、显炫、吹牛、自大、装聋作哑、不把自己算进"英雄"之列，这办法是很让人放心的。他的种菜、他的数英雄，把自己的大智以巧妙的方式遮掩，为自己赢得了可贵的战机。所以，刘备是一个似愚实智者。

老子曾讲："良贾深藏若虚，君子盛德容貌若愚。"即善于做生意的商人，总是隐藏其宝货，不令人轻易见之；而君子之人，品德高尚，而容貌却显得愚笨。其深意是告诫人们，过分炫耀自己的能力，将欲望或精力不加节制地滥用，是毫无益处的。

中国旧时的店铺里，在店面是不陈列贵重的货物的，店主总是把它们收藏起来。只有遇到有钱又识货的人，才告诉他们好东西在里面。倘若随便将上等商品摆放在明面上，岂有贼不惦记之理。不仅是商品，人的才能也是如此。俗话说"满招损，谦受益"，才华出众而又喜欢自我炫耀的人，必然会招致别人的反感，吃大亏而不自知。所以，无论才能有多高，都要善于隐匿，做一个大智若愚者。

有的人之所以无知到自作聪明，全是因为他们没有意识到真实的自我存在的这种喜欢自我炫耀的劣根性。过分相信自己，就是因为这毛病，他们时常在无意中因抓住对方的缺点或错误而没加遮拦的加以指出，以显示自己的出众，却在无意之中暴露了自己的隐秘。

有一段话说：大智者，穷极万物深妙之理，究尽生灵之性，故其灵台明朗，不蒙蔽其心，做事皆合乎道与义，不自夸其智，不露其才，不批评他人之长短，通达事理，凡事逆来顺受，不骄不馁，看其外表，恰似愚人一样。好自夸其才，必容易得罪于人；好批评他人之长短者，必容易招人之怨，此乃智者所不为也。故智者退藏其智，表面似愚，实则非愚也，谁都不识其智耳。所以学智不难，若苦心精研而修之，则可得其智，但学愚则难也。因世人均有好名之心理，均有好夸之行为，故"愚"难学也。孔夫子曰："大智若愚，其智可及也，其愚不可及也。"

所以，我们应该让自己有一点别人无法企及的愚的样子，做一个似愚实智者。

■ 不妨适当装装傻

糊涂的人未必真糊涂，而是装糊涂，这个世界上有太多事情无法用惯常的办法去解决，许多事出乎我们的所料，因此，适当地装糊涂对于事情的解决有着很大的帮助。

《寓圃杂记》中有两个关于杨翥的故事：

杨翥的邻居丢失了一只鸡，他怀疑是杨翥偷了去，于是就隔墙大骂，说是姓杨的偷走了。很多人看不下去，告诉了杨翥，杨翥却说："姓杨的人很多，又不是我自己姓杨，随他骂去吧。"

还有一个邻居，每当下大雨时，就把落到自家院子中的雨水排放到杨翥家中，如此一来，杨翥家就积水成河，备受脏污潮湿之苦。当家人告诉杨翥时，他很平静地说："日子还是晴天的时候多，阴天的时候少啊！"

后来这两家邻居都被杨翥的大度所感动，再也没有出现过类似的事件。有一次，贼人到杨翥家中抢劫，邻居们主动组织起来到杨翥家看护，使杨翥家免去了一场灾祸。

对别人忍让，别人必会以相同的姿态回报，这就是大度之人的做法。杨翥不计较邻居的过错，反而为其开脱，对邻居的冒犯不予追究，这似乎有些傻气，但这正是聪明之人的高明之处。人与人之间交往，难免磕磕碰碰，出现摩擦和矛盾，有了矛盾时，能够平心静气地协商解决固然是上策，但是很多事情并非如此简单。在很多情况下要做到心平气和是不可能的，这时，如果适当地装点糊涂，这对自己、对他人都是一件有益的事，糊涂的人看似糊涂，实际上是最聪明的。郑板桥说："退一步天地宽，让一招前途广……糊涂而已。"

做人不能太认真，有些事需要我们去糊涂，越糊涂越好。如果能在无伤大雅的事情上装点糊涂，就能够让大事化小，小事化了，让自己从琐碎的纠葛中解脱出来，集中精力办大事，去争取大局利益。表面上聪明的人实际上并不聪明，表面上糊涂的人其实才是真正的聪明。适当地来点糊涂是聪明人在特定情况下所使用的的交际武器，它能解决一些棘手的难题，从而使自己化险为夷。

东汉时期，有一个名叫甄宇的官吏，时任太学博士。他为人忠厚，遇事谦让。有一次，皇上把一群外番进贡的活羊赐给了在朝的官吏，要他们每人得一只。

在分配活羊时，负责分羊的官吏犯了愁：这群羊大小不一，肥瘦不均，怎么分群臣才没有异议呢？

这时，大臣们纷纷献计献策：

有人说："把羊全部杀掉吧，然后肥瘦搭配，人均一份。"

也有人说："干脆抓阄分羊，好不好全凭运气。"

就在大家七嘴八舌争论不休时，甄宇站了出来，他说："分只羊不是很简单吗？依我看，大家随便牵一只羊走不就可以了吗？"说着，他就牵了一只最瘦小的羊走了。

看到甄宇牵了最瘦小的羊走，其他的大臣也不好意思去牵最肥壮的羊，于是，大家都拣最小的羊牵，很快，羊都被牵光了。每个人都没有怨言。

后来，这事传到了光武帝耳中，甄宇因此得了"瘦羊博士"的美誉，被朝野所称颂。

不久，在群臣的推举下，甄宇又被朝廷提拔为太学博士院院长。

任何事情都不是绝对的，因而让自己保持一颗平常心，才是最重要的。我们都说镜子的表面很平，但你知道吗，在高倍放大镜下，它就会显得凹凸不平；有些看起来很干净的东西，如果拿到显微镜下去看，会发现上面有细菌。如果我们平时拿着这个放大镜生活，那么我们连饭都吃不成了。俗语说："不干不净，吃了没病。"说的就是糊涂一点，睁只眼闭只眼才是上策。同理，在为人处世上，如果用放大镜去看别人的缺点，恐怕人人都恶贯满盈、罪不可赦了。

如何拥有较好的人际关系是一门很深的学问，很多人用毕生精力去探究也未能明白其中的真谛。其实，生活的复杂性使人们不可能在有限的时间里洞悉人生的全部内涵，因此，就要求我们该糊涂时且糊涂，太过认真不仅伤害别人，也会伤害自己，而且于事无补。

第十五章　做事留余地

做人不要做得太绝，多一个冤家多一堵墙，得饶
人处且饶人。留有余地，才能万事做到均衡、对称与和
谐。留有余地，才能做到进退自如、坦然从容。

■ 说话留余地

把话说得太绝就像杯子倒满了水，再也滴不进一滴水，再滴进去水就溢出来了；也像把气球灌饱了气，再灌不进一丝丝的空气，再灌就要爆炸了。

当然，也有人话说得很绝，而且也做得到。不过凡事总有意外，使得事情产生变化，而这些意外并不是人能预料的，话不要说得太绝，就是为了容纳这个"意外"。人说话留有空间，便不会因为"意外"的出现而下不了台，可从容转身。

在1814年英国史蒂芬刚刚发明蒸汽机车不久，很快就被应用在火车上，那时火车还没有普及。当时的美国有一位权威人士以不可辩驳的口吻说：如果美国要是引进铁路的话，就一定要建设更多的精神病院，因为当人们看见巨大的火车头在自己面前咆哮而过时，会被吓破胆的。

在德国，有相当多的专家声称，火车的时速不可以超过每小时15英里。如果超过了这一速度，那么火车上的乘客的鲜血就会从鼻腔里喷射出来，而且在火车经过隧道时，一些乘客会窒息而死。

更有意思的是，当时铁路大王范·德·比尔特看到威斯汀豪斯给他送来的最新发明——空气制动机时，竟然说道：我可没有时间浪费在白痴身上。很遗憾，这一发明至今仍然被人们在火车上使用，二百年来还没有被谁突破。

这些个例子也同时说明，说任何话，哪怕是那些不可知的东西，都要留有余地，万万不可言之凿凿！

我们做人时应该注意以下方面：

一、与人交恶，不要口出恶言，更不要说出"势不两立"之类的话。不管谁对谁错，最好是闭口不言，以便他日需要携手合作时还有"面子"。

二、对人不要太早下评断，像"这个人完蛋了"、"这个人一辈子没出息"之类属于"盖棺论定"的话最好不要说，人一辈子很长，变化很多，不要一下子评断"这个人前途无量"或"这个人能力很高强"。当然，有时把话说绝也有实际的需要，但除非必要，其实还是留一点空间的好，既不得罪人，也不会使自己陷入困境。

■ 给人留台阶

我像所有的年轻人一样，都有着相同的骄傲和虚荣。很多时候我们不懂得尊重别人，记住：给人一个梯子就是善。

曾经在运动场的草坪上，听到一位女孩子公开朗读她收到的一封求爱信，她读完之后周围竟然响起一阵掌声，接着是一阵阵的笑声。人群中有位男孩红着脸转身离开了，然后就有女生指着男孩的背影叽叽喳喳，原来是他。

我曾在酒吧里听到一位男士在惟妙惟肖地讲述那位坐在他的办公室对面的女职员，如何如何倾倒在他的潇洒风度之下。于是，当场有人打趣道，那位敢追你的女孩一定是超级开放型，如有机会一定认识认识她。

我想这样拿别人的感情当作炫耀的资本和茶余饭后的笑料，除了证明自己的肤浅和没有修养之外，证明不了什么。谁都有可能爱上别人，谁都可以被别人爱上，这都没有什么大惊小怪的。

我们可以拒绝，拒绝没有错。但如果拒绝的方式用的不恰当，也许就是错了。对于一份真诚的感情，如果不能接受，最起码也要尊重。我们有义务为对方守口如瓶。得容人处且容人，何必令人陷入尴尬的境地。

推而广之，生活中很多时候，只要多一份尊重，给人留个梯子，就是帮助了别人。每个人都有自尊心，那就如同心里的敏感区域不能触碰，哪怕你是想帮助别人，也不要忘记给人留一个梯子，让对方从容地下台，让一切悄悄结束。

不管是谁都会犯错误，不管是谁总有需要帮助的时候，情况就是这么简单。有时若能多为对方着想，和人相处会就变得简单很多。

记得以前有个朋友和我说起过念研究生时候的故事，她有一次去年轻教授家请教几个重要的问题。来到教授家以后发现门是虚掩着的，于是她轻轻地推开，结果看到了让她惊讶的一幕：教授正拥吻着一个女孩子，而那个女孩子也是教授的学生。

教授和那位女同学都傻在了那儿，不知所措，不知道接下来会发生什么。在那个时候，学生和老师的感情是绝对忌讳的。然而我的这个朋友做了她以后引以为骄傲的事情：她满脸笑容地说，"教授，我也是您的学生，您可不能偏心啊。"教授才反应过来他的这个学生是在和她开玩笑。知道学生没有认为他的这段感情有什么问题，尴尬和担心马上消失了，年轻的教授眼睛却湿润了，他感激我朋友的理解和宽容。

后来听说那位教授娶了那天拥抱在一起的女孩子，因为我朋友的理解和宽容，让他有勇气去面对世俗的偏见。那位朋友还保存着一张教授寄来的卡片，上面写着：我永远感激你的善良和智慧，是你拯救了我。

■ 得饶人处且饶人

人与人之间，多多少少总会发生一些摩擦，或许我们会一不小心伤到别人，别人也可能不经意间就伤害到我们，此时，我们该如何做呢？

中国有句古话，叫作"以眼还眼，以牙还牙"，意思是说对待伤害过我们的人不用手下留情。的确，有时，过大的宽容反而会害了我们自己，所以我们是要学会以暴制暴的，否则可能会使对方认为我们软弱，以至于步步紧逼。

哈里养了一头大肥牛，想等着过年之时杀了来美美地吃上一顿。他的邻居知道之后，便心生嫉妒，一心想把这头牛给偷走。一次，他趁哈里不在家，便翻墙进来，想把牛偷走。但是这头牛见是生人，便瞪起两只眼睛举起角来顶他，吓得他赶紧慌慌忙忙地逃了出来。后来，哈里把牛牵出去吃草。这个人认为机会来了，于是便打算趁哈里不注意时把牛牵走。谁知最后还是没有得逞。几次三番，他都没有得手，于是，便又想了一个办法。一天，他和周围的几个人商量好了，便跑来对哈里说："哈里，你怎么还这么不慌不忙啊，难道你不知道我们的日子不多了吗？"哈里忙问他怎么了。他说："国王要抓我们这些人去修金字塔，我们这些人都没有什么活头了，到时十有八九就会死在那里。你不是还有一头大肥牛吗？干脆宰了来吃吧，不然恐怕就没有什么机会了。"

哈里没有搭理他。可是，其他的人也都一个个地跑过来说着同样的话。哈里被他们说得心烦了，于是便答应明天宰牛，请他们美美地吃上一顿。这几个人听了立刻眉开眼笑地走了。第二天，哈里在野外宰了这头牛，然后支起架子，准备把牛肉烤了来吃。可是那几个人却没有一个人过来帮忙，一个个脱了外衣放在地上交给哈里看管，然后自己跑到一边玩去了。哈里心里非常生气，于是便拿起那些衣服，统统丢进了火里。

那几个人回来，发现自己的外衣早已被烧成了灰烬，顿时气得七窍生烟，一齐大骂哈里。哈里看着他们，心平气和地说："反正没有几天活头了，我的牛都宰了，你们的衣服留着又有什么用呢？"

对于那些得寸进尺的人，我们就要对其略施惩罚。但是，报复一定要有宽容性，换言之也就是说不要赶尽杀绝，给对方留条后路。如果一味的报复，自己也会自食恶果。这时，我们就要学会宽容和忍让。但是，宽容和忍让有时是痛苦的，因为这也就意味着你要付出一定的代价。

有人说，"忍"字头上一把刀。我们忍让也就等于让别人得逞，而这是以牺牲我们的利益为代价的。但是，如果我们事事都要斤斤计较的话，恐怕到时就会更累了。而且如果我们把自己的全部心思都用在这一方面，那么我们就不会再有充足的精力去工作、去学习。俗话说：忍一时风平浪静，退一步海阔天空。彼此都忍让一些，对双方都有好处。古时候，有个人叫陈嚣，他有一个邻居叫纪伯。纪伯比较爱占别人的小便宜，一天夜里。趁陈嚣熟睡之时，偷偷把陈嚣家的篱笆拔了出来，往后挪了挪。陈嚣发现之后，并没有与之争吵，而是等纪伯走后，又把自己的篱笆往后挪了一丈。纪伯发现自家的地又宽了许多，知道陈嚣是在让他，心中感到非常惭愧，于是主动找上门，把侵占的土地全部还了回去。

有些伤害显然是无意的，对此我们就更应该一笑置之。或许对方是恶意攻击，此时你当然应该出手反击。但是，就算反击也应该给对方留有一点余地。毕竟，如果真得把对方逼急了，来个鱼死网破，对谁都没有好处。荷兰有句谚语：坚强地活下去，也要让别人活下去。

历代圣贤，都把宽恕容人作为理想人格的标准而大加赞赏。《尚书》中就有"有容，德乃大"的说法。清代的申居郧说："胸中要有泾渭，然亦须气量含宏，不可太生拣择。"所以，得饶人处且饶人，这也是我们的一种处世哲学吧。

■ 给他人留点面子

每个人都爱面子，给人面子就是送人一份大礼，也许有一天你会找到他帮你办事，这时他自然会给你"面子"，即使他感到为难，为了面子他也会尽力帮你。

一次，卓别林准备扮演古代一位徒步旅行者。正当他要上场时，一位实习生提醒他说："老师，您的草鞋带子松了。"

卓别林回了一声："谢谢你呀。"然后立刻蹲下，系紧了鞋带。

当他走到别人看不到的舞台入口时，却又蹲下，把刚才系紧的带子松开了。显然，他的目的是以草鞋的带子都已松垮，试图表达一个长途旅行者的疲劳状态。演戏能细腻到这样，卓别林确定下了很大的功夫。

当他解松鞋带时，正巧一位记者到后台采访，亲眼看见了这一幕。戏演玩后，记者问卓别林："您该当场教那位弟子，他还不懂演练的技巧。"

卓别林答道："别人的好意必须坦率接受，要教导别人演戏的技能，机会多得是。在今天的场合，最紧要的是要以感谢的心去接受别人的好意，并给以回报。"

在《人性的弱点》一书中，卡耐基讲述了他批评秘书的技巧："数年前，我的侄女约瑟芬，离开她的家到纽约来充任我的秘书。她当时19岁，3年前由中学毕业，她的办事经验一年比一年多，现在她已经成了一位完全合格的秘书，当我要使约瑟芬注意一个错误的时候，我常说：'你做错了一件事，但天知道这事并不比我所做的许多错误还坏。你不是生来就具有判断能力的，那是由经验而为；你比我在你的岁数时好多了。我自己曾经犯过许多错得不能再错的错误。'"

这样，即指出了她的错误，又能不伤她的面子，以后她则会更认真细心地工作。

卡耐基说：一句或两名体谅的话，对他人的态度做宽大的理解，这些都可以减少对他人的伤害，保住他人的面子。

1917年1月4日，一辆四轮马车驶进北京大学的校门，徐徐穿过校园内的马路。这时，早有两排工友恭敬地站在两侧，向刚刚被任命为北大校长的传奇人物蔡元培鞠躬致敬。只见蔡元培走下走车，摘下自己的礼帽，向这些校园里的工友们鞠躬回礼，在场的人都惊呆了，这在北京大学是从来未有的事情，北大是一所等级森严的官办大学。校长享受内阁大臣的待遇，从来就不把这些工友放在眼里。像蔡元培这样地位显赫的人向身份低微的工友行礼，在当时的北大及至全国都是罕见的现象。北大的校长由此细节开始，树立了一面如何做人的旗帜。

有时候，给别人留面子能更好地解决任何人之间的问题。有一位夫人，她雇了一个女仆并告诉她下星期一上班。这位夫人给女仆以前的主人打过电话，知道她做得不好。当女仆来上班的时候，这位夫人说："亲爱的，我给你以前做事的主人打过电话，她说你不但诚实可靠，而且会做菜，会照顾孩子，但她说你不爱整洁，从不将屋子收拾干净。现在我想她是在说瞎话，你穿得很整洁，谁都可以看得到。我相信你收拾屋子一定同你的人一样整洁干净。我们也一定会相处得很好。"

原来她们真的相处得很好。女仆要顾全高尚的名誉，并且她真的顾全了。她多花时间打扫房子，把东西放得井然有序，没有让这位夫人对她的希望落空。

真正有远见的人不仅在一点一滴的日常交往中为自己积累最大限度的人缘，同时也会给对方留有相当大的回话余地。给别人留面子，实际也就是给自己挣面子。

第十六章　不要太计较

　　做人，太在乎，是拿得起放不下，因为拿得起，做什么都放在心上，所以成功的愿望非常强烈；因为放不下，害怕失败，怕输不起，所以做人就做得很累。

■吃亏是福

有句话叫作"好汉不吃眼前亏"，是指聪明人能够见机行事，可以避开不利因素。这是一种弯曲艺术。我们没有必要事事争强好胜，那样会让我们浪费掉大量的精力和财力，所以，有时不妨学会忍让。郑板桥有句名言："吃亏是福"。道出了为人处世的一个真理。

郑板桥，原名郑燮，清朝江苏兴化人，乾隆年间进士，后出任山东潍县知县，其个性刚正耿直，为官清廉，深受百姓爱戴。某年山东大旱，赤地千里，民不聊生。郑板桥为民请命，结果得罪了上面的封疆大吏，被撤职，回到了老家。从别人的眼里来看，郑板桥丢掉了乌纱帽，葬送了大好前程，真的是吃了大亏。但是，正因为郑板桥退出了官场，没有了俗事的羁绊，所以他才可以将所有的心思都用来研究诗词书画，终于自成一家。他的诗工整隽永，书法俊朗秀挺，而画则清幽淡雅，尤其是他画的竹，秀逸有致，格骨奇高，被当世之人所称颂，也为后世之人所敬仰。有人说："没有当日郑板桥开缺回乡，就没有后来诗、书、画三绝并存的郑板桥了。"的确，如果郑板桥留恋官场，凭他清高孤傲的个性，是绝不会去巴结那些权贵的，所以，也很难会官运亨通，到时留在历史上的，也不过是个并没有多大名气的小官。而退出官场，却可以让他充分发挥自己的特长，不但可以让自己从乌烟瘴气的官场中解脱出来，还在中国的书画史上留下了浓墨重彩的一笔。郑板桥也因此而总结出做人的真谛，这便是"吃亏是福"。

只是，我们很少有人能明白这个道理。因为在大多数人的眼里，吃亏是软弱的表现。但是，人生是需要有进有退的，只知进而不知退的人只能处处碰壁。吃亏也是化解矛盾的最好办法，比如，别人踩了你一脚，你如果立刻再回踩一脚，两个人肯定要冲突起来。但是，如果退让一步，一场争斗也自然可以避免了。我们当然不能说这叫软弱，而是把它看成是有涵养的表现。生活中，也正是有了这些退让，才会变得更加和谐。

生活中，总有一些事情是我们无能为力的，这时就要学会坦然面对。如果你执意要与比你强大得多的敌人争斗，只能白白做出牺牲。所以，此时就要学会吃亏。吃亏不是终点，而是一种策略，可以让我们保存自己的实力。勾践为了越国，忍辱负重多年，最后终于灭掉了吴国，成为春秋时期最后一个霸主。

大丈夫处事，就要学会能屈能伸。身在屋檐下，就一定要学会低头。古人云：小不忍则乱大谋。凡事有所失必有所得，你退一步，可以避免一场无谓的争执，可以保存自己的实力，还可以展示一下自己的涵养。所以，不妨拿出一块心地，单搁不平之事，闭起双眼，权当不觉。

我们知道，最好的钢不但要有很高的硬度，还要有一定的韧性，否则就很容易被折断。最好的性格也并非如钢铁般的坚硬，而是蒲草般的柔韧。

能屈能伸，才称得上大丈夫。所以要学会吃亏，吃亏是福。

■ 不要在意一时的得失

在很久以前，有一对哥儿俩在外面发了大财，身上背负许多金银珠宝返乡。途中遇到一群盗寇追杀。最后哥儿俩被一条河流拦住去路，不得已只能涉水渡河。

在岸边，老大望着湍急的水流对老二说："水流太急，游到水中，若是觉得力不从心，就丢掉一点背上的金银珠宝，继续向对岸游；若再感到体力不支，就继续再丢，保住自己的性命才是最重要的！"

老二听了点点头。此时，盗寇跟踪而至，老大老二急忙纵身入水，向对岸泅渡，没多久，老二就觉得颇为吃力，于是扔掉一半背上的金银珠宝。到了水中央，老二仍感体力难支，又把另一半也扔掉了！

老二筋疲力尽地上了岸，回头一看，老大还在离岸很远的水中挣扎，眼看就要沉下去了！此时，老二大喊："快扔掉金银珠宝！"

老大听到喊叫，也想解开背着的包袱，扔掉金银珠宝，可是，他已经没有解开包袱的力气。最终落了个葬身水底的结局。

当人生的船负重太多时，我们也应该学着船长的样子把一些笨重的货物抛弃。可是有些人心里总是犹豫不决，舍不得扔掉一点点东西，就像文中的老大一样，最后落了个葬身水底的结局。

人们常说"舍得"，舍得、舍得，有舍才有得。人要学会"舍得"，不能太贪，不能企盼"全得"。通俗地说，"舍"就是放弃。若是上文中的老大舍得放弃金银珠宝，他绝对不会丢掉性命，他的丧命正是不舍得放弃的结果。

《老子》中说：祸往往是与福同在，福中往往就潜伏着祸。我们有时得到了，并不一定是好事，失去了也不一定是坏事。只有放平心态，不患得患失，才会真正有自己的收获。所以，在一些事情上，我们不应为了表面上的得到而喜形于色，我们要放开眼光，正确认识人和事物，认清其本质，不为虚假的表象所迷惑。失去的当然不好，但也要看失去的是什么，得到的又是什么。

古时候，在长城以外的地方，住着一个老头，他有个酷爱骑马的儿子。有一天，他家的一匹马逃到了塞外的大草原上。这时，乡亲们都替他惋惜，怕他受不了，都过来好言相劝："你丢失一匹骏马，这真是个大损失。但你千万要想开点，保重身体要紧。"这时，老头却十分平静地说："没关系的，丢失好马虽然是一大损失，但说不定这会成为一件好事呢？"

真是"老马识途"，过了些时日，那匹马奇迹般地跑回来了，并且还带来一匹北方少数民族的良马。众乡亲闻讯，纷纷前来道喜。这时，老头又意味深长地说："谁知道这不会变成一件坏事呢？"家里又多了一匹良马，老头的儿子太高兴了，天天骑马出去玩。有一天，他骑得太快，一不小心从马背上掉下来，把大腿骨摔断了。这时左邻右舍又来探望他、安慰他。站在一旁的老头不紧不慢地说："谁知道这不会成为一件好事呢?"众人听了都不明白这句话是什么意思。

又过了一年,北方的部落大举入侵塞内,青年男子都被抓去当兵,这些被抓的人十个有九个死于战场。而这个年轻人却因为跛脚未上前线,保全了一条性命。

人们对任何事情要能够想得开、看得透。要以顺其自然的平静心态把握得和失,不抱怨、不叹息、不堕落,胜不骄、败不馁。

有时,舍弃是一种顾全大局的果敢。有谋略的军事家面对即将全军覆没的境况时,他会说:三十六计,走为上计;有远见的企业家在面临破产清算时会说:留得青山在,不怕没柴烧……

在做了某项决策时,应该首先在心里默念一次:有舍才有得,舍就是得,无舍便无得。做人不能因得而猖狂,也不必因失而绝望。走出患得患失的阴影,只要我们做到知足常乐、淡泊名利,我们就能保持良好的心态,做自己喜欢的事情。

■不要斤斤计较

斤斤计较往往是我们评价一个人的心态和价值观的一项标准，遇到事情不肯做一点让步，分毫必争的人在与人交往中就会令人反感。斗量有多有少，秤头有高有低，天平有毫厘之差，凡事都有个概率，绝对的平衡和平均是没有的。宇宙间万事万物之所以永不停息地运动，就在于万事万物始终在进行着从不平衡到平衡又从平衡到不平衡的循环往复的变化。所以，宇宙间绝对的平衡和公平是没有的。既然没有绝对的公平，那么人生也就不应该为了区区小事而斤斤计较，苛求绝对的公平。

计较往往使事情复杂化和矛盾化，甚至斗争化，凡不愉快的事情大都由斤斤计较而来。凡事从大的方面把握，这应当是人们为人处世的基本原则。正所谓大行不拘小节，大礼不辞小让。人生应当宽宏大度，避免斤斤计较。

小黄大学毕业后，因为在学校表现良好，各门功课都学得不错，再加上父母的一些帮助，在家乡的小城里找到一家效益很好的单位。

刚上班的第一个月，小黄非常主动，也乐于给同事们提供帮助，因为他初来乍到，业务不多，所以，办公室里的开水就经常由他去打。几天后，每天提热水壶上楼打开水自然成了小黄分内的事。同事觉得这是理所当然的，再说这位大学生是个年轻小伙子，身强力壮的，就没有在意，认为他应该打水。

这天上午，小黄到外面办事去了，中午回到办公室想喝点水，但他揭开热水壶盖一看，里面空空如也。又累又渴的小黄突然觉得很委屈，但是，他也没有说什么，拿起水壶就去打水。晚上下班回家，他就想：我是去上班的，又不是专门负责打水的，为什么这么长时间就我一个人在干，太不公平了。他越想越生气，第二天刚到办公室，他就大声说从明天起轮流打开水，他不愿一个人承包。

就这样，本来同事们都对他印象很好，他却偏偏在这些小事情上斤斤计较，不愿吃一点亏，失去了人心。

斤斤计较有两个方面，一个是利益方面，一个是感情方面。我们在与人相处的过程中，常常会看到这样一些现象：没有能力的人身居高位，有能力的人怀才不遇；做事做得少或者不做事的人，拿的工资要比做事的人还要高；同样的一件事情，你做好了，老板不但不表扬还要对你鸡蛋里挑骨头，而另外一个人把事情做砸了，还得到老板的夸赞和鼓励……诸如此类的事情，我们看了就生气，会理直气壮地说："这简直太不公平了！"

公平，这是一个很让人受伤的词语，因为我们每个人都会觉得自己在受着不公平的待遇。事实上，这个世界上没有百分百的公平，你越想寻求百分百的公平，你就会越觉得别人对你不公平。

其实，在一些蝇头小利面前，我们不该斤斤计较，最重要的是要摆正心态，不必事事苛求百分百的公平，否则就是自己和自己过不去。对生活中的小事看开一点，对已经过去的事情不要耿耿于怀，把精力和时间放在创造新的价值上。这样，就单个事情来说不一定公平，但从整体上来说却是公平的。另外我们还可以设法通过自己的努力来求得公平，例如我们可以改变衡量公平的标准。公平是相对而言的，衡量公平的标准也不是一成不变的，当你换个角度来看问题时，你会发觉自己得到的比失去的要多。

不公平是一种进行比较后的主观感觉，因而只要我们改变比较的标准，就能够在心理上消除不公平感。而且产生不公平的心理也是因为不肯放弃自己的某些利益，如果你仔细想想，那些利益在你的生活中又能起到多大的作用呢？如果起不到多大的作用，那还不如放弃它，首先你可以赢得人心，其次，你也不必为了一些鸡毛蒜皮的事情伤脑筋。有的人习惯于斤斤计较，他不觉得这样非常累心，其实不然，人的脑袋虽然有无穷的潜能还没有发挥，但是，当你的脑袋在被无关紧要的事情所累的时候，你的生活就会慢慢地转型，你脑子思考的问题也就渐渐地局限在了这些小事上。这不仅仅是浪费时间、浪费精力，还把你的脑力白白地浪费在了一些无用的事情上。如果，你能豁达一些，放弃那些蝇头小利，你的大脑只思考那些重要的、对你的人生起到"质"的作用的事情上，那么，潜能也会有无限发挥的空间。假如你有斤斤计较的时间，可以让大脑轻松一下，做一些对调节大脑有益的运动，岂不是更有意义。

■ 不为薪水而工作

对于钱的理解，从古至今，莫衷一是。有人对他恨之入骨，说他是罪恶、肮脏、不仁不义的根源；有人赞美它，说它是成功的标志、幸福的源泉。"钱"真是个怪东西！"有啥别有病，没啥别没钱"，一句简单至极的话，道出了天下所有人的心声。

工作中，人们同样把钱看得很重。很大一部分人认为，工作的目的就是为了赚钱，拼命地工作使自己得到发展就是为了赚更多的钱。人们常说：钱是万能的，它可以满足你所有的一切。这样的说法是不对的。首先，不说它买不回我们流逝的岁月，买不回我们丢失的健康，买不来我们前方的风和日丽，甚至我们现在急需的快乐和幸福它都无能为力。

我们不难会看到这样一些人，他们有车、有房、有不错的收入，可他们却还是生活得很劳累，每天都在拼命地工作，而更为可悲的是，虽然过着比较优裕的生活，可他们竟无法体会到快乐。尽管如此，可他们还是始终不能放慢生活节奏，轻松的面对生活。也许也为未来的生活担忧，也许是过于贪婪，他们一直都在为钱而工作着，枯燥乏味的生活使他们丧失了快乐，他们几乎已经成为了金钱的奴隶。

不要为钱而去工作。印度哲学家奥修就曾这样说道："钱是没有罪的，相反，它还是一个好东西。所以，不要放弃钱，要放弃只想钱的头脑。"对钱我们要有一个正确的认识，它的确会使人们过上优裕的生活，但如果你一心只想着钱，成为钱的奴隶，那么，即使你成为了天下最富有的人，你也很难会生活得快乐。

聪明的人不会把钱看得太重，无论生活得是好是坏，他们都不会视钱如命，被钱所操控。也正是因为如此，他们总是能在繁忙的工作中享受生活的乐趣。而这一切都来源于他们乐观的心理和正确的金钱观。

约翰·D·洛克菲勒是美国商业史上第一个亿万富翁。他用不懈地努力为自己赢得了巨大的财富。更值得学习的是，他对金钱有着独到的见解，他在给他的儿子小约翰的一封信中这样写道：

亲爱的小约翰，我很想与你谈谈关于金钱的一点看法。我认识很多人，他们对待金钱的态度有着很大的差别。我曾和那些街头流浪汉一起喝过最便宜的酒，他们把仅有的钞票揉成团往我的口袋里塞；我也曾和那些证券经纪人聊天到深夜，他们操纵着大量的财富，可却从来不去碰一便士现金或硬币；我也见过有些有钱人不肯轻易拿出一枚铜板，因为他们害怕这会让自己受穷；我也见过慷慨的富人、犯罪的穷人，见过妓女也见过圣徒。

可以说，没有任何人不对钱感兴趣，因为它是生活中的一部分，是不可或缺的一部分。钱可以给你带来快乐，也可以给你带来痛苦，你可以用它为自己铸造幸福，也很可能会成为它的奴隶。重要的是，你怎么去看待它。无论生活得贫穷还是富有，到任何时候都不要为钱而工作，更不要为钱而活，那样，你将永远生活在金钱为你带来的痛苦之中，却很难体会到它为你带来的快乐。

■ 不为他人的批评而发怒

促使一个人发火的原因有很多，最为常见的就是由遭到别人批评而引起的。无论在生活还是工作当中，我们经常都会看到这类事情的发生，一个人因为遭到别人的批评后到处发泄情绪，所有人都成为了他攻击的对象，愤怒的心理使他们变得极为暴躁。我们谁都会遭到批评，可以说这是我们生活中的一部分，越深刻的批评就越能使我们深刻认识到自己的不足之处，它是促进我们成长最好的帮手。所以说，我们不应该因为遭到批评而感到不愉快，甚至是发怒。

伊本·加比洛尔曾这样说道："一个人的心灵隐藏在他的作品中，批评却把它拉到亮处。"很多一直都处于迷茫状态的人，往往都是因为受到别人的批评后才清醒过来的。没有批评人们就很难会有所进步，因为人们无法更加清楚地知道自己所做的事情是对是错，尤其是对那些怀有满腔热血做自己喜欢做的事情的人而言，他们更需要别人批评来为自己提醒，以至于自己不会盲目地做一些错事。换个角度来说，既然批评是一件好事，那么，我们就更不要因此而发怒了。这不仅会影响到我们的生活和工作，对身体也有着很大的伤害。

美国的一份《生活》杂志上曾刊载说："愤怒不止的话，长期性的高血压和心脏病就会随之而来。"

曾有一位非常优秀的剑客，他打遍天下无敌手，因此他也成为了很多人心目中的英雄。可这个剑客却有一个缺点，他永远不能接受别人对自己的批评。

一次，他在与对手决斗胜利后，遭到了很多人的批评。原因就是因为对方是位女士，可他并没有因此而放过对手，并且将其伤得很重。一时间，种种批评扑面而来，有的说他不讲道德，有的说他不配做一名英雄，甚至还有人说他应该离开这个国家，他的行为让人感到恶心。听到这些消息后，这位剑客十分的愤怒，他不仅没有接受批评，还对外宣布，一定要报复那些批评过自己的人。原本以为这样就可以使那些一直都在批评自己的人就此收口，可他这样做不但没有实现自己的想法，相反，却招来了更多人的质疑。就连那些一直视他为英雄的人也对他的这种行为感到不能理解。于是所有人都开始慢慢讨厌他，他英雄的美名也就此而终结了。因为不能接受现实，剑客因此而大病一场，差点丢掉了自己的性命。

当我们面对别人批评的时候，应该学会坦然的接受，并对此做出思考，仔细想想自己是不是有什么地方真的做错了，如果是这样的话，一定要及时做出检讨。千万不要不分青红皂白的大发雷霆，这样不仅会影响到自己的品德，对身体也是没有一点好处。

其实，那些不能接受别人批评的人，也是一种逃避责任的表现。正是因为他们没有勇气承担自己所犯下的错误，才不敢面对别人的批评。他们试图用逃避和反抗的方法为自己进行辩解，可很显然，这种做法是错误的，在不能将其化解的同时还会招来更多不必要的麻烦。

小云在一家文化公司里工作，由于工作还算出色，领导将她升为了部门的主管。可升职没过多久，她就因为态度问题被公司炒鱿鱼了。

在完成一次任务时，小云因为和部门里下属的意见产生了分支，两人闹得很不愉快。最终导致了任务的失败。事后，下属对小云的能力提出了质疑，他认为，如果当初能按照他的计划去执行这次任务，一定能顺利的完成，也就不会有现在这样的事情发生了。消息传到小云的耳朵里后，她顿时大发雷霆，并且马上找到了在背后批评自己的那名下属。为了逃避领导的怪罪，小于甚至还把所有责任都推给了那名批评自己的下属，说全是因为他的不团结，才导致了任务的失败。其实，领导对此事早已心知肚明，原本就是小云的错。是她觉得自己大小也是个领导，没必要接受下属的意见和批评，才导致了与同事间产生了分岐，使这次任务失败。最终，领导没有听小云解释，不但狠狠地批评了她，还将她炒了鱿鱼。

正确的认识批评，不要因此而产生不良的心理。动怒对我们没有一点好处，更何况这并不是一件值得我们动怒的事，相反，它应该是一件让我们感到高兴的事。在很多时候，之所以一个人能得到别人的批评，说明这个人还被大家关注着，大家是希望他能改正错误。所以说，我们一定要正视任何人的批评，并从中找到自己不足之处，加以改进。